作业现场安全常识

马海珍　贾运敏　编

中国电力出版社
CHINA ELECTRIC POWER PRESS

内容提要

本书是《电力员工安全教育培训教材》之一，针对电力基层员工量身定做，内容紧密结合安全工作实际，不以居高临下教育者的姿态，用读者喜闻乐见的语言、生动形象的卡通人物、结合现场的工作实例，巧妙地将安全与日常工作结合在一起。追求“不是我要你安全，而是你自己想安全”的效果。主要内容包括：进入现场须知；现场安全防护；现场作业安全常识；现场应急处置。

本书是开展安全教育培训、增强员工安全意识、切实提高安全技能的首选教材，也可供电力基层班组安全员及安全监督人员及相关人员学习参考。

图书在版编目（CIP）数据

作业现场安全常识 / 马海珍，贾运敏编. —北京：中国电力出版社，2015. 5 （2018.4重印）

电力员工安全教育培训教材

ISBN 978-7-5123-7393-8

Ⅰ. ①作… Ⅱ. ①马… ②贾… Ⅲ. ①电力安全-安全培训-教材 Ⅳ. ①TM7

中国版本图书馆 CIP 数据核字（2015）第 054311 号

中国电力出版社出版、发行

（北京市东城区北京站西街 19 号 100005 http://www. cepp. sgcc. com. cn）

北京瑞禾彩色印刷有限公司印刷

各地新华书店经售

*

2015 年 5 月第一版 2018 年 4 月北京第三次印刷

850 毫米×1168 毫米 32 开本 5 印张 116 千字

印数 6001—8000 册 定价 **29. 00** 元

《电力员工安全教育培训教材》
编　委　会

主　编　郭林虎

副主编　黄晋华

编　委　马海珍　陈文英　朱旌红

程丽平　席红芳　康晓江

司海翠　杨建民　刘鹏涛

贾运敏　张志伟　郭　佳

苗建诚　吕瑞峰　白建军

丛书前言

安全生产是电力企业永恒的主题和一切工作的基础、前提和保障。电力生产的客观规律和电力在国民经济中的特殊地位决定了电力企业必须坚持“安全第一，预防为主，综合治理”的方针，以确保安全生产。如果电力企业不能保持安全生产，将不仅影响企业自身的经济效益和企业的发展，而且影响国民经济的正常发展和人民群众的正常生活用电。

当前，由于受安全管理发展不平衡、人员安全技术素质参差不齐等因素影响，电力企业安全工作还存在薄弱环节，人身伤亡事故和人员责任事故仍未杜绝。究其原因，主要是对安全规程在保证安全生产中的重要性认识不足，对安全规程条款理解不深，对新工艺、新技术掌握不够。因此，在强化安全基础管理的同时，持续对员工进行安全教育培训，提高员工安全意识和安全技能，始终是安全工作中一项长期而重要的内容。为了提高基层员工在新形势下安全规定的执行水平，提高安全意识，消除基层安全工作中的薄弱环节，我们组织编写了本套教材。

本套教材内容紧密结合基层工作实际，不以居高临下的说教姿态，而是用生动形象的卡通人物、结合现场的事故案例，巧妙地将安全教育与日常工作结合在一起，并给出操作办法和规程，教会员工执行安全规定。希望通过本套教材的学习，广大员工能了解安全生产基本知识，熟悉安全规程制度，掌握安全作业要求及措施。认识到“不是我要你安全，而是你自己想安全”。明白“谁安全，谁生存；谁安全，谁发展；谁安全，谁幸福”！

本套教材是一套结合电力生产特点、符合电力生产实际、适应时代电力技术与管理需求的安全培训教材。主要作者不仅有较为深厚的专业技术理论功底，而且均来自电力生产一线，有较为丰富的现场实际工作经验。

本套教材的出版，如能对电力企业安全教育培训工作有所帮助，我们将感到十分欣慰。由于编写时间仓促，编者水平和经验所限，疏漏之处恳请读者朋友批评指正。

编　者

编者的话

电力作业现场工种多，环境复杂，安全风险高。作业现场一旦发生事故，可能对作业人员的身体造成伤害，还可能损坏电力设备，甚至引发电网事故，给企业带来经济损失，影响电力正常供应。因此，做好作业现场的安全管控始终是电力企业安全管理工作的重中之重。只有对作业人员进行岗前培训、考试，使其具备相应的专业知识和安全防护能力，同时，严格落实现场组织措施、安全措施和技术措施，才能保障现场作业安全。

本书主要讲述进入现场须知、现场安全防护、作业现场安全常识和现场应急处置，内容全面，结合事故案例进行解读，并配有插图，通俗易懂。可供电力企业和电力用户现场作业人员参考，也可作为电力员工安全教育培训教材。

本书主要由国网山西省电力公司忻州供电公司马海珍、贾运敏同志编写。书中插图由贺培善、张亮、廖晓凯等同志绘制。由于作者水平有限，书中难免有不足之处，恳请广大读者批评指正。

编　者

目 录

第一讲

进入现场须知

现场作业有风险　入场把关最关键
人员资质须满足　着装防护应完备
车况良好手续全　材料放置要合规
施工环境不破坏　现场卫生应保持

一、人员资质

1. 作业人员基本条件

（1）应经医师鉴定，无妨碍工作的病症（体格检查每两年至少一次，高处作业人员应每年进行一次体检）。

（2）应具备必要的电气知识、业务技能和安全生产知识。

（3）学会自救互救方法、疏散和现场紧急情况的处理，熟练掌握触电现场急救方法，掌握消防器材的使用方法。

2. 特殊岗位条件

（1）生产岗位班组长应每年进行安全知识、现场安全管理、现场安全风险管控等培训，考试合格后方可上岗。

（2）地市公司级单位、县公司级单位每年应对工作票签发人、工作负责人、工作许可人以及倒闸操作发令人、受令人、操作人员（包括监护人）进行培训，经考试合格后，书面公布有资格担任工作票签发人、工作负责人、工作许可人以及倒闸操作发令人、受令人、操作人员（包括监护人）的名单。

（3）企业主要负责人、安全生产管理人员、特种作业人员

应由取得相应资质的安全培训机构进行培训，并持证上岗。发生或造成人员死亡事故的，其主要负责人和安全生产管理人员应当重新参加安全培训。对造成人员死亡事故负有直接责任的特种作业人员，应当重新参加安全培训。

3. 新人员教育和培训

（1）新入单位的人员（含实习、代培人员），应进行安全教育培训，经《安规》考试合格后方可进入生产现场参加指定的工作，并且不得单独工作。

事故案例

1997 年，某县公司所属一 110kV 变电站 10kV 设备停电春检。一名新参加工作的复员军人，未经三级安全教育，便派到现场参与辅助工作。替老师傅在 10kV 电容器上刷漆时发生触电，经抢救无效死亡。

（2）新上岗生产人员应当经过下列培训，并经考试合格后上岗：

1）运维、调控人员（含技术人员），应经检修、试验规程的学习和至少 2 个月的跟班实习；

2）用电检查、装换表、业扩报装人员，应经过现场规程制度的学习、现场见习和至少 1 个月的跟班实习；

3）特种作业人员，应经专门培训，并经考试合格取得资格、单位书面批准后，方能参加相应作业。

事故案例

2008 年，某县供电公司一名分管营销的主任工程师到用户配电室检查用电设备时发生触电，当时在场的人员都不懂得触电急救方法，最终因抢救不及时而死亡。

4. 各类人员教育和培训

（1）各类作业人员应接受相应的安全生产教育和岗位技能培训，经考试合格方可上岗。

（2）外来工作人员必须经过安全知识和安全规程的培训，并经考试合格后方可上岗。

（3）生产人员调换岗位或其岗位面临新工艺、新技术、新设备、新材料时，应当对其进行专门的安全教育和培训，经考试合格后，方可上岗。

（4）因故间断电气工作连续3个月以上者，应重新学习《国家电网公司电力安全工作规程》，并经考试合格后，方可再上岗。

（5）离开特种作业岗位6个月的作业人员，应重新进行实际操作考试，经确认合格后方可上岗作业。

二、着装及防护用品

1. 个体防护装备

（1）进入作业现场应正确佩戴安全帽。针对不同的生产场所，根据安全帽产品说明选择适用的安全帽。带电作业时应佩戴带电作业用安全帽。

（2）从事高处作业的人员应佩戴安全带，在杆塔上作业时，应使用有后备绳或速差自锁器的双控背带式安全带，当后备保护绳超过3米应使用缓冲器。

（3）现场作业人员应穿全棉长袖工作服、绝缘鞋，不得穿化纤衣服，且衣裤应无破损。严禁穿拖鞋、凉鞋、高跟鞋以及短裤、裙子等进入施工现场。

（4）从事高压电气作业的施工人员应配备相应等级的绝缘鞋、绝缘手套和有色防护眼镜，必要时配备防静电服（屏蔽服）。从事手持电动工具作业的作业人员应配备绝缘鞋、绝缘手套和防护眼镜。

（5）从事机械作业的女工及长发者应配备工作帽。从事防水、防腐和油漆作业的施工人员应配备防毒面罩、防护手套和防护眼镜。钻床操作人员应穿工作服、扎紧袖口，工作时不得戴手套，头发、发辫应盘入帽内。

（6）从事焊接、气割作业的作业人员应配备阻燃防护服、绝缘鞋、绝缘手套、防护面罩、防护眼镜。在高处进行焊接、

切割作业时，应配备安全帽与面罩连接式焊接防护面罩和阻燃安全带。

（7）从事坑井、深沟下作业的施工人员应配备雨靴、手套、保安照明等或手电、安全绳等。从事混凝土浇筑、振捣作业的施工人员应配备胶鞋（或绝缘鞋）和手套（或绝缘手套）。

（8）从事水上运输或跨越江河、湖泊架线作业的施工人员应配备救生衣。

（9）冬季施工期间或作业环境温度较低时，应为作业人员配备防寒类防护用品。雨期施工应为室外作业人员配备雨衣、雨鞋等防护用品。

安全帽

安全帽实行分色管理，外来参观人员一般戴白色安全帽，管理人员一般戴红色安全帽，运维人员一般戴黄色安全帽，检修、试验人员一般戴蓝色安全帽。

使用安全帽注意事项：

1. 使用前检查

使用前应进行外观检查，不合格的不准使用。检查要求如下：

(1) 永久标识和产品说明等标识清晰完整，安全帽的帽壳、帽衬（帽箍、吸汗带、缓冲垫及衬带）、帽箍扣、下颏带等组件完好无缺失。

(2) 帽壳内外表面应平整光滑，无划痕、裂缝和孔洞，无灼伤、冲击痕迹。

(3) 帽衬与帽壳连接牢固，后箍、锁紧卡等开闭调节灵活，卡位牢固。

(4) 使用期从产品制造完成之日起计算：植物枝条编织帽不得超过两年，塑料和纸胶帽不得超过两年半；玻璃钢（维纶钢）橡胶帽不超过三年半，超期的安全帽应抽查检验合格后方可使用，以后每年抽检一次。每批从最严酷使用场合中抽取，每项试验试样不少于2顶，有一顶不合格，则该批安全帽报废。

(5) 带电作业用安全帽的产品名称、制造厂名、生产日期及带电作业用（双三角）符号等永久性标识清晰完整。

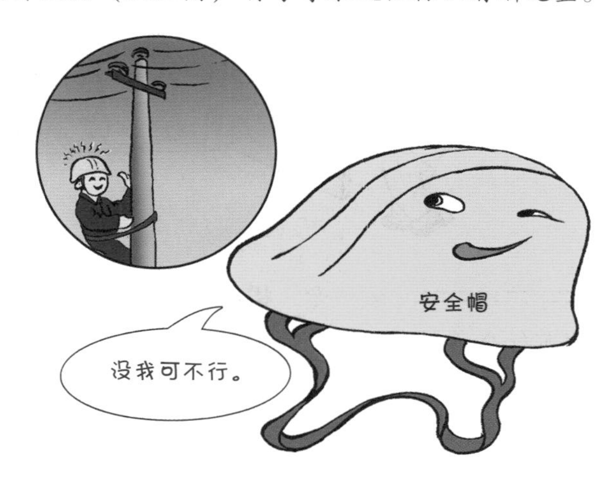

2. 使用要求

(1) 针对不同的生产场所，根据安全帽产品说明选择适用

的安全帽。

（2）安全帽戴好后，应将帽箍扣调整到合适的位置，锁紧下颏带，防止工作中前倾后仰或其他原因造成滑落。

（3）受过一次强冲击或做过试验的安全帽不能继续使用，应予以报废。

（4）带电作业应佩戴带电作业用安全帽。

（5）高压近电报警安全帽使用前应检查其音响部分是否良好，但不得作为无电的依据。

安 全 带

使用安全带注意事项：

1. 使用前检查

使用前应进行外观检查，不合格的不准使用。检查要求如下：

（1）商标、合格证和检验证等标识清晰完整，各部件完整无缺失、无伤残破损。

（2）腰带、围杆带、肩带、腿带等带体无灼伤、脆裂及霉变，表面不应有明显磨损及切口；围杆绳、安全绳无灼伤、脆裂、断股及霉变，各股松紧一致，绳子应无扭结；护腰带接触腰的部分应垫有柔软材料，边缘圆滑无角。

（3）织带折头连接应使用缝线，不应使用铆钉、胶粘、热合等工艺，缝线颜色与织带应有区分。

（4）金属配件表面光洁，无裂纹、无严重锈蚀和目测可见的变形，配件边缘应呈圆弧形；金属环类零件不允许使用焊接，不应留有开口。

（5）金属挂钩等连接器应有保险装置，应在两个及以上明确的动作下才能打开，且操作灵活。钩体和钩舌的咬口必须完整，两者不得偏斜。各调节装置应灵活可靠。

2. 使用要求

（1）围杆作业安全带一般使用期限为 3 年，区域限制安全带和坠落悬挂安全带使用期限为 5 年，如发生坠落事故，则应由专人进行检查，如有影响性能的损伤，则应立即更换。

（2）应正确选用安全带，其功能应符合现场作业要求，如需多种条件下使用，在保证安全提前下，可选用组合式安全带（区域限制安全带、围杆作业安全带、坠落悬挂安全带等的组合）。

（3）安全带穿戴好后应仔细检查连接扣或调节扣，确保各处绳扣连接牢固。

（4）在电焊作业或其他有火花、熔融源等场所使用的安全带或安全绳应有隔热防磨套。

（5）登杆前，应进行围杆带和后备绳的试拉，无异常方可继续使用。

事故案例

1997 年，某送变电公司在一 220kV 变电站安装变压器，一名班长站在 2m 多高的架构上安装中性点刀闸，既没有系安全带，也没有戴安全帽。工作过程中不慎坠落地面，头部着地死亡。

2. 特殊环境防护装备

（1）在有尘毒危害环境下作业的人员应配备防毒面具（或正压式空气呼吸器）、防尘口罩、密闭式防护眼镜和防护手套。

（2）SF_6电气设备解体检修，检修人员需穿着 SF_6防护服并根据需要佩戴防毒面具或正压空气呼吸器。取出吸附剂和清除粉尘时，检修人员应戴防毒面具或正压式空气呼吸器和防护手套。

SF_6配电装置发生大量泄漏等紧急情况时，人员应迅速撤出现场，开启所有排风机进行排风。未佩戴防毒面具或正压式空气呼吸器人员禁止入内。只有经过充分的自然排风或强制排风后，人员才准进入。

（3）在通风条件不良的电缆隧（沟）道内进行长距离巡视时，工作人员应携带便携式有害气体测试仪及自救呼吸器。

（4）安装、搬运蓄电池以及在其他接触酸碱物的场所作业时，作业人员应戴耐酸手套、耐酸围裙，穿耐酸服、耐酸靴。

（5）高温作业人员近火作业时应穿防火服。

（6）在光纤回路上工作时，应采取相应防护措施防止激光对人眼造成伤害。

（7）对于放射工作场所和放射性同位素的运输、贮存，用人单位必须配置防护设备和报警装置，保证接触放射线的作业人员佩戴个人剂量计。

3. 带电作业防护装备

（1）等电位作业人员应在衣服外面穿合格的全套屏蔽服

（包括帽、衣裤、手套、袜和鞋，750kV、1000kV 等电位作业人员还应戴面罩），且各部分应连接良好。屏蔽服内还应穿着阻燃内衣。

（2）在 330kV 及以上电压等级的线路杆塔上及变电站构架上作业，应采取防静电感应措施，例如穿戴相应电压等级的全套屏蔽服（包括帽、上衣、裤子、手套、鞋等）或静电感应防护服、导电鞋等（220kV 线路杆塔上作业时宜穿导电鞋）。

（3）进行直接接触 20kV 及以下电压等级带电设备的作业时，应穿着合格的绝缘防护用具（绝缘服或绝缘披肩、绝缘手套、绝缘鞋）；使用的安全带、安全帽应有良好的绝缘性能，必要时戴护目镜。作业过程中严禁摘下绝缘防护用具。

事故案例

2009 年，某供电公司配电线路班进行 10kV 线路带电除雪作业，一名在带电作业车上作业的人员摘下绝缘手套和绝缘安全帽接电话，发生触电死亡。

三、作业车辆要求

1. 一般要求

（1）作业前应对车辆进行检查，确保车况良好。严禁无证和酒后驾驶。严禁超速、超重运输，载物应捆绑牢固，严禁人货混装和自卸车载人。

（2）作业车辆（吊车、斗臂车等）的操作人员应列入工作班成员中，开工前和其他作业班组人员一样履行交底签名手续。

（3）现场的机动车辆应限速行驶，时速一般不得超过 15km/h。机动车辆行驶沿途的路旁应设交通指示标志，危险地区应设“危险”或“禁止通行”等警告标志，夜间应设红灯示

警。场地狭小、运输繁忙的地点应设临时交通指挥。

2. 起重设备

（1）起重设备需经检验检测机构检验合格，并在特种设备安全监督管理部门登记。否则，不能进入现场作业。起吊前，应核算起重设备、吊索具和其他起重工具的工作负荷，不准超过铭牌规定。

（2）各种起重设备的安装、使用以及检查、试验等，除应遵守《安规》的规定外，并应执行国家、行业有关部门颁发的相关规定、规程和技术标准。

事故案例

2009 年，某火电建设公司，由起重工指挥吊车吊起刚性梁组合件（长 15.2m、高 8.5m、重 18.4t），吊到就位高度，用 5 个 5t、2 个 3t 的链条葫芦接钩（用钢丝绳把链条葫芦分别挂在上部刚性梁上，下端通过钢丝绳挂起刚性梁组合件）。做好接钩工作后，通知吊车松钩，吊车松钩后，刚性梁组合件由 7 个链条葫芦吊着，准备进行调整就位作业。当刚性梁组合件调整到快就位穿螺栓时，刚性梁左侧第一个 5t 链条葫芦上部钩子突然断裂，其余 6 个吊点的链条葫芦也相继断裂，导致刚性梁组件向下坠落，组件左侧先着地，垂直插入零米地面。站在刚性梁上的 5 人由于安全带挂在起吊刚性梁组件的链条葫芦上也随着一起下坠，其中 1 人落至零米，2 人落在刚性梁上面校平装置梁上，1 人落在炉前 12.6m 层钢架梁上，1 人落在 12.6m 层前侧的安全网上；将安全带挂在上部水冷壁葫芦链条上的 2 人被安全带吊在空中。本次事故造成 4 人死亡，1 人重伤，2 人轻伤。

（3）运输大物件：

1）对运输道路进行详细勘查；

2）对运输道路上方的障碍物及带电体等进行测量，其安全距离应满足表1-1的规定。

表1-1 车辆（包括装载物）外廓至无遮栏带电部分之间的安全距离

电压等级（kV）	安全距离（m）	电压等级（kV）	安全距离（m）
10	0.95	500	4.55
20	1.05	750	6.70（2）
35	1.15	1000	8.25
66	1.40	±50及以下	1.65
110	1.65（1.75）（1）	±500	5.60
220	2.55	±600	8.00
330	3.25	±800	9.00

注 1. 括号内数字为110kV中性点不接地系统所使用。
2. 750kV数据是按海拔2000m校正的，其他等级数据按海拔1000m校正。

3）制定运输方案和安全技术措施，经单位批准后执行；

4）专人检查工具和运具，不得超载；

5）物件的重心与车厢的承重中心基本一致；

6）运输超长物体需设置超长架；运输超高物件应采取防倾倒的措施；运输易滚动物件应有防止滚动的措施。

3. 在带电区内工作

（1）吊车、升降车、高空作业车在带电区内工作时，车体应用截面不小于16mm^{2}的多股软铜线良好接地，并有专人监护。

（2）参与带电区域作业的车辆，时刻注意与带电部位保持足够的安全距离。

（3）使用带电清扫机械进行清扫，清扫前应确认：清扫机

械工况（电机及控制部分、软轴及传动部分等）完好，绝缘部件无变形、脏污和损伤，毛刷转向正确，清扫机械已可靠接地。

（4）高架绝缘斗臂车应经检验合格。

四、材料、设备及工具的堆放与保管

1. 堆放保管一般要求

（1）材料、设备应按施工总平面布置规定的地点堆放整齐，并符合搬运及消防的要求。堆放场地应平坦、不积水，地基应坚实。现场拆除的模板、脚手杆以及其他剩余材料、设备应及时清理回收，集中堆放。

（2）易燃材料和废料的堆放场所与建筑物及用火作业区的距离应符合安全规定。

（3）材料、设备不得紧靠木栅栏或建筑物的墙壁堆放，应留有 500mm 以上的间距，并封闭两端。

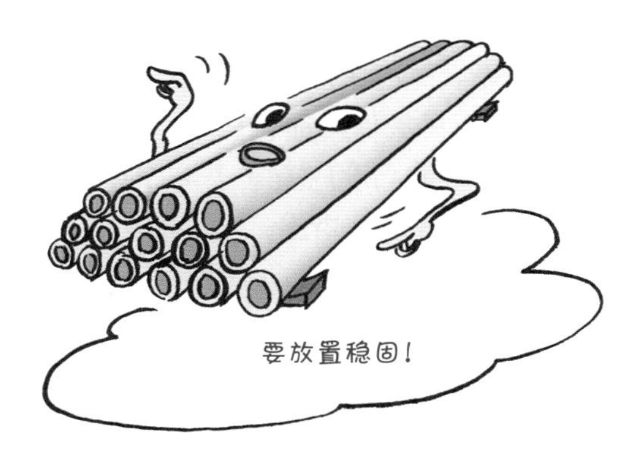

2. 电气设备、材料的堆放与保管

（1）瓷质材料拆箱后，应单层排列整齐，并采取防碰措施，不得堆放；

（2）绝缘材料应存放在有防火、防潮措施的库房内；

（3）电气设备应分类存放，放置稳固、整齐，不得堆放。

重心较高的电气设备在存放时应有防止倾倒的措施。有防潮标志的电气设备应做好防潮措施；

（4）易漂浮材料、设备包装物应及时清理。

2011年，某220kV变电站扩建一新间隔，施工人员在主控制室门前拆开二次设备包装箱后，将塑料保护膜丢弃在院内，没有及时清理，当天正值大风，塑料膜刮到一110kV出线上，造成相间短路，保护动作掉闸。

3. 其他材料的堆放与保管

（1）易燃、易爆及有毒物品等应分别存放在与普通仓库隔离的专用库内，并按有关规定严格管理。汽油、酒精、油漆及稀释剂等挥发性易燃材料应密封存放。

（2）酸类及有害人体健康的物品应放在专设的库房内或场地上，并做出标记。库房应保持通风。

（3）建筑材料的堆放高度应遵守表1-2中的规定。露天存放的应做到下垫，并做好防潮措施。

表1-2　建筑材料堆高限度

材料名称	堆高限度	注意事项
铁桶、管	1m	层间应加垫，两边设立柱
成材	4m	每隔0.5m高度加横木
砖	2m	堆放整齐、稳固
水泥	12袋	地面应以木板架空垫起0.3m以上，距离墙体0.3m以上
材料箱、筒	横卧3层立放2层	层间应加垫，两边设立柱
袋装材料	1.5m	堆放整齐、稳固

4. 工具保管

（1）各类脚手杆、脚手板、紧固件以及防护用具等均应存放在干燥、通风处，并符合防腐、防火等要求。新工程开工或间歇性复工前应对其进行检查，合格者方可使用。

（2）根据工作需要，选择合适且合格的安全工器具和施工机械、工具，并妥善保管。

五、现场卫生与环境保护

1. 作业现场

（1）一般要求：

1）严禁安排有职业禁忌症的员工从事相关禁忌作业。对从事可能危害身体健康的危险性作业的员工进行专门的安全防护知识培训，确保掌握操作规程、职业健康风险防范措施和事故应急处置措施。

2）作业现场应保持整洁，作业区域宜设置集中垃圾箱。在高处清扫的垃圾或废料，不得向下抛掷。

3）作业现场应配备急救箱（包）及消防器材，在适宜区域设置饮水点、吸烟室。

（2）注意事项：

1）办公区、人员住所和材料站应远离河道、易滑坡、易塌方等存在灾害影响的不安全区域。作业场地应进行围护、隔离、封闭，实行区域化管理。

2）作业现场及其周围的悬崖、陡坎、深坑、高压带电区等危险场所均应设防护设施及警告标志；坑、沟、孔洞等均应铺设与地面平齐的盖板或设可靠的围栏、挡板及警告标志。危险场所夜间应设红灯示警。

3）现场道路不得任意挖掘或截断。确需开挖时，应事先征得施工管理部门的同意并限期修复；开挖期间应采取铺设过道板或架设便桥等保证安全通行的措施。

4）作业现场道路跨越沟槽时应搭设牢固的便桥，并经验收合格方可使用。人行便桥的宽度不得小于 1m，手推车便桥的宽度不得小于 1.5m，汽车便桥应经设计，其宽度不得小于 3.5m。便桥的两侧应设有可靠的栏杆。

2. 施工现场

（1）一般要求：

1）施工现场应设置消防通道，场内道路应坚实、平坦，主车道的宽度不得小于 5m，单车道的宽度不得小于 3.5m。

2）不应将施工现场设置的各种安全设施擅自拆、挪或移作他用。如确实因施工需要，应征得该设施管理单位同意，并办理相关手续，采取相应的临时措施，事后应及时恢复。

3）施工企业应制定季节性施工方案，针对冬季、雨季、高温季节、雷电、台风气候特点及野外作业等，采取防洪水、防泥石流、防雷电、防台风、防冻伤、防滑跌、防暑降温、消毒防疫、防野外动物攻击等措施，改善现场作业条件和生活环境，预防职业健康危害和群体性疫情发生。

4）施工人员宿舍应通风良好、整洁卫生、室温适宜。

5）设计选用的设备和材料应符合国家有关职业健康的法律、法规和标准要求。

（2）环保要求：

1）严格遵守国家工程建设节地、节能、节水、节材和保护环境法律法规，倡导绿色施工，尽力减少施工对环境的影响。

① 尽可能少占耕（林）地等自然资源，严格控制基面开挖，严禁随意弃土，施工后尽可能恢复植被。

② 导地线展放作业尽可能采用空中展放导引绳技术，减少对跨越物的损害。

③ 采取措施控制施工中的噪声与振动，降低噪声污染。

2）施工现场应尽力保持地表原貌，减少水土流失，避免造成深坑或新的冲沟，防止发生环境影响事件。

① 砂石、水泥等施工材料应采用彩条布铺垫，做到“工完、料尽、场地清”，现场设置废料垃圾分类回收箱。

② 混凝土搅拌和灌注桩施工应设置沉淀池，有组织收集泥浆等废水，废水不得直接排入农田、池塘。

③ 对易产生扬尘污染的物料实施遮盖、封闭等措施，减少灰尘对大气的污染。

第二讲

现 场 安 全 防 护

现场作业有风险　常见伤害十五类
防坠防摔防触电　防塌防噪防打击
防酸防尘防毒害　防火防爆防机械
防护措施做到位　安全风险会降低

一、触电防护

触电是指人体或动物体碰触带电体时，电流通过人体或动物体而引起的病理、生理效应。从本质上讲，触电是电流对人体或动物体的伤害，这种伤害表现为电击和电伤两种。按照人体触及带电体的方式不同，人体触电可分为直接触电和间接触电。

电气专业人员在全部停电或部分停电的电气设备上工作时，必须完成停电、验电、装设接地线（合接地刀闸）、悬挂标示牌和装设遮栏等一系列防止触电的技术措施后，方可开始工作。

为了有效地防止触电事故，可采用绝缘、屏护、安全间距、漏电保护、安全电压、保护接地或接零等可靠的技术措施。其中，绝缘、屏护、安全间距、漏电保护、安全电压等是防止直接触电的防护措施。保护接地、保护接零是防止间接触电的防护措施。

1. 绝缘

（1）绝缘的作用。绝缘是用绝缘材料把带电体隔离起来，

实现带电体之间、带电体与其他物体之间的电气隔离，使设备能长期安全、正常地工作，同时可以防止人体触及带电部分，避免发生触电事故。绝缘在电气安全中有着十分重要的作用，常用的绝缘材料有胶木、塑料、橡胶、云母及矿物油、SF_6气体等。

（2）绝缘破坏。绝缘材料除因在强电场作用下被击穿而破坏外，自然老化、电化学击穿、机械损伤、潮湿、腐蚀、热老化等也会降低其绝缘性能或导致绝缘破坏。气体绝缘在击穿电压消失后，绝缘性能还能恢复；液体绝缘多次击穿后，将严重降低绝缘性能；而固体绝缘击穿后，就不能再恢复绝缘性能。因此，绝缘需定期检测，保证电气绝缘的安全可靠。

（3）绝缘安全用具。为了防止触电，手持电动工具的操作者必须戴绝缘手套、穿绝缘鞋（靴）或站在绝缘垫（台）上工作，使人与地面、人与工具的金属外壳通过绝缘安全用具隔离。这是目前最简便可行的防护措施。

常用的绝缘安全用具有绝缘手套、绝缘靴、绝缘鞋、绝缘垫和绝缘台等。绝缘安全用具可分为基本安全用具和辅助安全用具。基本安全用具的绝缘强度能长时间承受电气设备的工作电压，使用时，可直接接触电气设备的有电部分。辅助安全用具的绝缘强度不足以承受电气设备的工作电压，只能加强基本安全用具的保安作用，必须与基本安全用具一起使用。在低压带电设备上工作时，绝缘手套、绝缘鞋（靴）、绝缘垫可作为基本安全用具使用，在高压情况下，只能用作辅助安全用具。

绝缘安全用具应按有关规定进行定期耐压试验和外观检查，凡是不合格的安全用具严禁使用，绝缘用具应由专人负责保管和检查。

事故案例

2004 年，某供电所安排李某等 6 人，从事 10kV 桥百线路增容工作，当天计划工作内容是：10kV 桥百线支百岗 2 号杆处进行新装配变排杆的焊接工作。在电杆焊接结束后，工作班成员余某在收线过程中，手触及绝缘破损的带电电焊机电缆线，触电死亡。

2. 屏护

屏护是指采用遮栏、围栏、护罩、护盖或隔离板等把带电体同外界隔绝开来，以防止人体触及或接近带电体所采取的一种防护措施。除了能够防止触电外，有的屏护装置还能起到防止电弧伤人、防止弧光短路或便利检修工作等作用。

开关电器的可动部分一般不能加包绝缘，而采用屏护。其中防护式开关电器本身带有屏护装置，如胶盖闸刀开关的胶盖。

高压电气设备的带电部分，如不便加包绝缘或绝缘强度不足时，就可以采用屏护措施，如加装固定遮栏等。

变配电设备，凡安装在室外地面上的变压器以及安装在车间或公共场所的变配电装置，都需要设置固定遮栏或栅栏作为屏护。遮栏高度不应低于 1.7m，下部边缘离地面不应超过 0.1m。遮栏必须使用钥匙或工具才能移开。

邻近带电体的作业中，在工作人员与带电体之间及过道、入口等处应装设可移动的临时遮栏。遮拦上应悬挂“止步，高压危险”、“禁止攀登，高压危险”等标示牌。

屏护装置不直接与带电体接触，对所用材料的电性能没有严格要求。屏护装置所用材料应当有足够的机械强度和良好的耐火性能。但是金属材料制成的屏护装置，为了防止其意外带电造成触电事故，必须将其接地或接零。

3. 安全间距

安全间距（即安全距离）是将带电体置于人和设备所及范围之外的防护措施。带电体与地面之间、带电体与其他设备或设施之间、带电体与带电体之间均应保持足够的安全间距。安全间距可以用来防止人体、车辆或其他物体触及或过分接近带电体，还有利于检修安全和防止电气火灾及短路等各类事故。

应该根据电压高低、设备类型、环境条件及安装方式等决定安全间距大小。

架空线路与地面和水面应保持一定的安全间距。架空线路与建筑物之间也应有一定的安全间距。架空线路与有爆炸、火灾危险的厂房之间应保持一定的防火间距。

为了防止人体接近带电体，带电体安装时必须留有足够的检修间距。

在低压操作中，人体及其所带工具与带电体的距离不应小于0.1m。在高压无遮拦操作中，人体及其所带工具与带电体之间的最小间距视具体工作电压确定。

如果检修设备与带电部位的距离不满足安全间距要求，为保证检修人员的安全，应先将带电设备停电后再检修。

4. 漏电保护器

漏电保护器是一种在规定条件下电路中漏（触）电流（mA）值达到或超过其规定值时能自动断开电路或发出报警的触电防护装置。

漏电是指电器绝缘损坏或因其他原因造成导电部分碰壳时，

如果电器的金属外壳是接地的，那么电就由电器的金属外壳经大地构成通路，从而形成电流，即漏电电流，也叫做接地电流。当漏电电流超过允许值时，漏电保护器能够自动切断电源或报警，以保证人身安全。

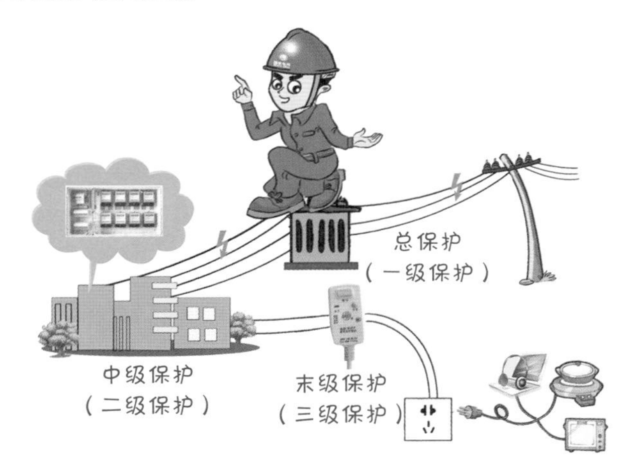

漏电保护器动作灵敏，切断电源时间短。只要能够合理选用和正确安装、使用漏电保护器，除了能够防止人身触电外，还起到防止电气设备损坏及预防火灾的作用。

5. 安全电压

把可能加在人身上的电压限制在某一范围之内，在这种电压下，通过人体的电流不超过允许的范围，这种电压叫做安全电压。应该注意，安全电压是相对的，任何情况下都不能把安全电压理解为绝对没有危险的电压。

我国确定的安全电压标准是 42V、36V、24V、12V、6V。特别危险环境中使用的手持电动工具应采用 42V 安全电压；有电击危险环境中，使用的手持式照明灯和局部照明灯应采用 36V 或 24V 安全电压；金属容器内、特别潮湿处等特别危险环境中使用的手持式照明灯应采用 12V 安全电压；在水下作业等场所工作应使用6V安全电压。

当电气设备采用超过24V的安全电压时，还须采取防止直接接触带电体的保护措施。

6. 保护接零与接地

正常时，电气设备的外壳或与其连接的金属体不带电。但是，当设备发生漏电故障时，平时不带电的外壳就带电，并与大地之间存在电压，可能造成操作人员触电，即间接触电。这种触电是非常危险的。为了防止间接触电，采取的主要措施是将电气设备的外壳进行保护接地或保护接零。

（1）保护接零。将电气设备在正常情况下不带电的金属外壳与变压器中性点引出的工作零线（中性线）或保护零线（中性线）相连接，这种方式称为保护接零。当某相带电部分碰触电气设备的金属外壳时，通过设备外壳形成该相线对零线的单相短路回路，该短路电流较大，足以保证在最短的时间内使熔丝熔断、保护装置或自动开关跳闸，从而切断电流，保障了人身安全。保护接零的应用范围，主要是用于三相四线制中性点直接接地供电系统中的电气设备。

在中性点直接接地的低压配电系统中，为确保保护接零方式的安全可靠，防止中性线断线所造成的危害，系统中除了工作接地外，还必须在整个中性线的其他部位再进行必要的接地，这种接地称为重复接地。

（2）保护接地。保护接地是指将电气设备平时不带电的金属外壳与专门设置的接地装置进行良好的金属性连接。保护接地的作用是当设备金属外壳意外带电时，将其对地电压限制在规定的安全范围内，消除或减小触电的危险。保护接地常用于低压不接地配电网中的电气设备，即三相三线制供电系统中。

二、摔跌防护

摔跌是指人体失去重心而倒地。摔跌一般有两种情况，一

种是人体受到外力被推倒或被抛出后跌落地面；另一种是人在行走时遇到障碍物或脚底踩空摔倒。摔跌的伤害程度取决于地面的情况、人体受到的外力大小、人体的倒地姿势及衣着等。摔跌往往会造成创伤或骨折，严重时可能造成头颅损伤，甚至死亡。

（1）生产现场和施工现场的井、坑、孔、洞或沟道，应覆以与地面齐平而坚固的盖板。在检修工作中如需将盖板取下，应设临时围栏。临时打的孔、洞，施工结束后，应恢复原状。

（2）所有升降口、大小孔洞、楼梯和平台，应装设不低于1050mm 高的栏杆和不低于 100mm 高的护板。如在检修期间需将栏杆拆除时，应装设临时遮栏，并在检修结束时将栏杆立即装回。临时遮栏应由上、下两道横杆及栏杆柱组成。上杆离地高度为 1050～1200mm，下杆离地高度为 500～600mm，并在栏杆下边设置严密固定的高度不低于 180mm 的挡脚板。原有高度1000mm 的栏杆可不作改动。

（3）工作场所的照明，应该保证足够的亮度。在操作盘、重要表计、主要楼梯、通道、调度室、机房、控制室等地点，还应设有事故照明。现场的临时照明线路应相对固定，并经常检查、维修。

（4）建筑物平台的临空面、楼梯、高空走道的防护栏保持完好，厂区道路的下水井盖板、地沟盖板保持完整；楼梯、平台、踏板等应平整、牢固，平台上均应装设栏杆和护板，楼梯踏板尽量使用花纹板，避免使用圆钢筋。

事故案例

2011年，某公司发生一起员工滑倒导致骨折事故。该公司办公楼的楼门台阶全部采用大理石材料，冬季一场大雪过后，没有及时采取防滑措施（铺防滑垫，放置防滑提示牌等），一名员工早上上班，上台阶时滑倒，盆骨骨折。

（5）在楼梯第一台阶上或在人行通道高差300mm以上的边缘处用黄色油漆标注踏空警示线。在人行通道地面上高差300mm以上的管线或其他障碍物上用45°间隔斜线（黄/黑）标注防止绊跤线。

（6）巡视高压设备时，巡视路线上的盖板应稳固。巡视路线上不得有障碍物，若因检修工作需要揭开盖板或堆放材料堵塞巡视路线时，应设置围栏和警示灯。巡视设备如需倒退行走时，应先查看身后环境，防止踩空或被电缆沟等障碍物绊倒。

事故案例

2009年，某110kV变电站扩建新间隔，施工人员白天揭开电缆盖板穿电缆，当晚收工时既没有恢复盖板，也没有设置围栏。运行人员夜间巡视设备，踩空摔跌到电缆沟内，小腿骨折。

（7）进行排油、注油和滤油工作时，作业人员应穿耐油性能好的防滑鞋，并及时清理手、鞋底以及平台上的油污。

（8）巡视线路时，如遇路滑，应慢慢行走，翻越沟、崖时，要认真查看周围环境。

（9）铁塔水泥基础施工，在施工跳板、平台上工作，平台面积应足够且牢固，应采取防滑措施，防止作业人员掉入坑内摔伤。下坑检查，不应攀踩支木、顶木，防止踩掉摔伤。

（10）人力敷设电缆时，电缆沟边应修有人工牵引电缆的平整通道，防止作业人员绊倒摔伤。

（11）所有楼道都应该有照明灯，发现楼梯松动或不平应立即修复。

（12）楼梯若覆盖地毯，在每一级台阶都必须固定好。

事故案例

2011 年，某宾馆开业，楼梯全部覆盖地毯，不是将每一个台阶的地毯固定好，而是隔几个台阶固定一次。一名宾馆服务员在下楼梯时踩空滑倒，滚落十几个台阶，手腕骨折。

（13）发现护栏或扶手松动，必须立即修理。

（14）严格遵守交通规则。司乘人员都要系好安全带，防止发生意外时人员被抛出车外摔伤。行人一定要走人行道且不得闯红灯，防止被车辆撞伤。

三、高处坠落防护

凡在坠落高度基准面2m以上（含2m），有可能坠落的高处进行的作业，均为高处作业。高处坠落事故是由于高处作业引起的。根据高处作业者工作时所处的部位不同，高处坠落事故可分为临边作业高处坠落事故、洞口作业高处坠落事故、攀登作业高处坠落事故、悬空作业高处坠落事故、悬吊作业高处坠落事故和操作平台作业高处坠落事故等。

（1）能在地面进行的工作，不在高处作业。高处作业能在地面上预先做好的工作，必须在地面上进行，尽量减少高处作业和缩短高处作业时间。高空作业附近有带电体时，应作好感应电的防范和防止误碰带电体的措施。

（2）凡参加高处作业的人员，应每年进行一次体检。经医师诊断患有精神病、癫痫病、心脏病、高血压、贫血及其他不

适宜高处作业的疾病的，不得从事高处作业。发现工作人员精神不振时，应禁止其登高作业。严禁酒后从事高处作业。

（3）6级及以上的大风以及暴雨、雷电、冰雹、大雾、沙尘暴等恶劣天气下，应停止露天高处作业。

（4）高处作业人员应正确佩戴安全帽，衣着灵便，衣袖、裤脚应扎紧，穿软底防滑鞋。

事故案例

1997年，某电厂锅炉安全现场，一名安监人员上锅炉各层平台检查安全工作。自己穿了一件半短大衣，走在42m平台上时，一根管头挂了一下大衣衣角，使身体失去平衡向后仰，从楼梯口掉至0m地面，经抢救无效死亡。

（5）高处作业均应先搭设脚手架，使用高空作业车、升降平台或采取其他防止坠落措施，方可进行。

脚手架搭好后，必须组织检查验收，验收合格后方可上架工作。使用时，特别是大风、雷电后，要检查脚手架是否稳固，必要时予以加固，确保使用安全。

（6）在没有脚手架或者在没有栏杆的脚手架上工作，高度超过1.5m时，应使用安全带，或采取其他可靠的安全措施。

安全带的挂钩或绳子应挂在结实牢固的构件或专为挂安全带用的钢丝绳上，应采用高挂低用的方式。禁止系挂在移动或不牢固的物件上（如隔离开关支持绝缘子、瓷横担、未经固定的转动横担、线路支柱绝缘子、避雷器支柱绝缘子等）。

在杆塔高空作业时，应使用有后备绳的双保险安全带，安全带和保护绳应分挂在杆塔不同部位的牢固构件上，应防止安全带从杆顶脱出或被锋利物损坏。人员在转位时，手扶的构件应牢固，且不得失去后备保护绳的保护。

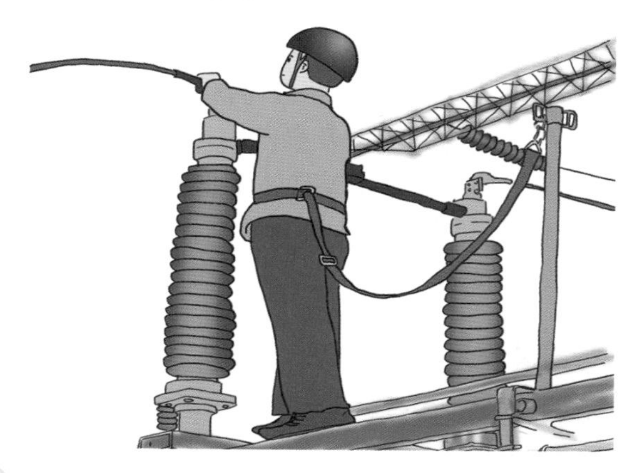

事故案例

2002 年，某电厂一名检修人员在离地面 6.5m 高处检修截门时，站在没有栏杆的脚手架上作业，也未系安全带，工作中踩空掉下，造成重伤。

（7）高处作业的工作现场要有足够的照明。

（8）高处作业场所的栏杆、护板、井、坑、孔、洞、沟道的盖板必须完好，损坏的应立即修复。高处作业场所的孔洞要使用牢固的专用盖板，不得用石棉瓦等不结实的板材加盖。

事故案例

1981 年，某电厂工程施工现场，锅炉队超重班准备将 4 根落煤管从锅炉 37m 平台细粉分离器预留孔逐个吊卸到 31.5m 输煤间。一名工人拴挂好第二根落煤管后，向东南方向走去，误踏入用草帘子、石棉瓦遮盖着的煤粉管预留孔，从 37m 层坠落至 9m 平台，经抢救无效死亡。

（9）所有升降口、大小孔洞、楼梯和平台，应装设不低于1050mm高的栏杆和不低于100mm高的护板。如在检修期间需将栏杆拆除时，应装设临时遮栏，并在检修结束时将栏杆立即装回。

（10）在高处作业现场开始工作前或行走时要先观察周围环境是否安全，有无孔洞未加盖板和临时防护措施。

事故案例

1988年，某电厂施工现场，在汽轮机回油总管复装中，起重工将12.6m平台的网格板掀掉两块以便穿管子。班长听见有人喊他，回身便走，刚走出约3m，一脚踏入被掀掉网格板的孔洞中，坠落至6m平台，造成骨盆骨折。

（11）在屋顶、杆塔以及其他危险的边沿进行工作，临空一面应装设安全网或防护栏杆、扶手绳，否则，工作人员应使用安全带。

事故案例

1997年，某电厂汽机房施工现场。建筑工地在32m高的汽机房顶铺设屋面板，临边一侧没有扶手绳或临时防护栏杆，下方也没有张设安全网，工作中一名工人从边缘闪脱，掉至汽机房0m，当场死亡。

（12）在因工程和工序需要而产生的、使人与物有坠落危险的洞口进行高处作业时，四周应设防护栏杆，洞口下应装设安全网。

事故案例

2003年7月，某供电分公司建办公大楼，主体工程已完工，进行内墙抹面时，一施工人员从架板上掉下，跌入约10m深的洞内，抢救无效死亡。该洞直径约70cm，无任何防护措施。

（13）攀登杆塔前，应先检查杆塔根部、基础和拉线是否牢固。新立电杆在杆基未完全牢固或做好临时拉线前，严禁攀登。遇有冲刷、起土、上拔或导地线、拉线松动的电杆，应先培土加固，打好临时拉线或支好杆架后，再行登杆。

攀登杆塔前，还应先检查登高工具、登高设施，如脚扣、升降板、安全带（绳）、梯子和脚钉、爬梯、防坠装置等是否完好牢靠。

（14）作业人员必须从规定的上、下通道攀登，不得在阳台之间等非规定通道进行攀登，也不得随意利用吊车臂架等施工设备进行攀登。

事故案例

2011 年，某建筑施工现场，一名作业人员要上四楼楼顶作业。发现楼门上锁，不能从楼梯上去，便从阳台攀登，坠落地面骨折。

（15）登梯作业，梯子应坚固完整，有防滑措施；使用单梯工作时，梯与地面的斜角度为 60°左右；梯子不宜绑接使用；禁止把梯子放在木箱、油桶等不稳固的支持物上使用；梯上有人工作时，应有专人扶持；人在梯子上时，禁止移动梯子。

事故案例

1994 年，某电厂电气车间检修工扛上木梯到循环水泵房更换墙灯。梯子高度离墙灯大约差 1m，就从厂房门外搬来一只空油桶，垫在梯子底下，一人扶持，一人上梯更换灯泡。当上到梯顶还未开始工作，油桶已经开始摇晃，扶梯人控制不住，梯子倒地，梯上电工摔下，手臂摔成重伤。

（16）悬吊作业前，吊篮、吊具应经验收合格，方可使用。作业人员应从地面进入吊篮内，禁止从建筑物顶部、窗户、预留洞口等位置进入吊篮。

事故案例

2008 年，某建筑施工现场，一名作业人员准备从 4 楼窗户跨入吊篮时，不慎坠落，头部着地死亡。

（17）悬空作业要有牢靠的立足处，并必须视具体情况，配置防护栏网、栏杆或其他安全设施。

（18）高处作业时不得坐在平台、孔洞边缘，不得骑在栏杆上，不得站在栏杆外工作。

事故案例

2000 年，某电厂电气车间电机班班长带领两名工人在锅炉上更换照明灯具。在工作基本结束时，班长对另两个人说，“我再去昨天更换灯具的地方检查一下是否还有不亮的灯具。”随后一人独自去锅炉 29m 平台，越过平台栏杆外蹲在一管道上。在处理灯具的过程中，转向不慎，顺下降管坠落到 19m 设备平台，造成严重骨折。

四、起重搬运伤害防护

（一）起重伤害防护

起重伤害是指从事起重作业时引起的机械伤害事故，如起重作业时脱钩砸人、钢丝绳断裂抽人、移动吊物撞人、钢丝绳

刮人、滑车碰人以及起重设备在使用和安装过程中发生倾翻伤人等。起重伤害造成的后果往往比较严重。

1. 起重机操作人员

（1）起重机的操作人员应经培训考试取得合格证，方可上岗。

事故案例

2005 年，某厂一名管理人员参加整理厂房劳动，厂房地面上有一台放置不整齐的旧电动机，需要用行车起吊重新放置。因当时没有行车司机和专门起重工，这位管理人员便临时指派一名电工去开行车，由于电工未受过专业培训，只是大致知道一些开关把手的作用，不懂起重安全操作技术。当电动机吊起后，稳不住钩，撞到了旁边的工字钢斜支撑上，电动机脱钩坠落，将这名管理人员砸死。

（2）起重机操作人员应按照该机械的保养规定，进行各项检查和保养后方可启动。

（3）起重机安全操作的一般要求：

1）操作人员接班时，应对制动器、吊钩、钢丝绳及安全装置进行检查，发现异常时，应在操作前排除；

2）当确认起重机上及周围无人时方可闭合主电源开关，如电源断路装置上加锁或有标志时，应待有关人员拆除后方可闭合主电源；

3）闭合主电源开关前，应将所有控制手柄置于零位；

4）在进行维护保养时，应切断主电源并挂上警告标志或加锁，如有未消除的故障，应通知接班操作人员；

（4）雨、雪天工作，应保持良好视线，并防止起重机各部制动器受潮失效。工作前应检查各部制动器并进行试吊（吊起重物离地500~1000mm左右，连续上下3次），确认可靠后方可进行工作。

（5）工作前应检查起重机的工作范围，清除妨碍起重机回转及行走的障碍物。

（6）起重机工作时，无关人员不得进入操作室，操作人员应集中精力。未经指挥人员许可，操作人员不得擅自离开操作岗位。

（7）操作人员应按指挥人员的指挥信号进行操作。对违章指挥、指挥信号不清或有危险时，操作人员应拒绝执行并立即通知指挥人员。操作人员对任何人发出的危险信号，均必须听从。

（8）操作人员在起重机开动及起吊过程中的每个动作前，均应发出警示信号。起吊重物时，吊臂及被吊物上严禁站人或有浮置物。

（9）起重机工作中速度应均匀平稳，不得突然制动或在没有停稳时作反方向行走或回转。落下时应低速轻放。严禁在斜坡上吊着重物回转。

（10）起重机严禁同时操作三个动作，在接近满负荷的情况

下不宜同时操作两个动作。悬臂式起重机在接近满负荷的情况下严禁降低起重臂。

（11）起重机应在各限位器限制的范围内工作，不得利用限位器的动作来代替正规操作。

（12）起重机在工作中遇到突然停电时，应先切断电源，然后将所有控制器恢复到零位。

（13）起重机工作完毕后，应摘除挂在吊钩上的吊索，并将吊钩升起。对用油压或气压制动的起重机，应将吊钩降落至地面，吊钩钢丝绳呈收紧状态。悬臂式起重机应将起重臂放置40°~60°，如遇大风，应将臂杆转至顺风方向，刹住制动器，所有操纵杆放在空挡位置，切断电源，操作室的门窗关闭并上锁后方可离开。

（14）对各种电动起重机还应遵守下列各项规定：

1）电气设备应由电工进行安装、检修和维护；

2）电气装置应安全可靠，制动器和安全装置应灵敏可靠；

3）熔丝应符合规定；

4）电气装置在接通电源后，不得进行检修和保养；

5）操纵控制器时应逐级扳动，不得越级操纵，在运转中变换方向时，应将控制器扳到零位，待电动机停止转动后再逆向逐级扳动，不得直接变换运转方向；

6）电气装置跳闸后，应查明原因，排除故障，不得强行合闸；

7）漏电失火时，应立即切断电源，严禁用水灭火。

2. 起重机指挥人员

（1）指挥人员应根据 GB 5082—1985《起重吊运指挥信号》的信号要求与操作人员进行联系。如采用对讲机指挥作业时，应设定专用频道。

（2）指挥人员发出的指挥信号应清晰、准确。

（3）指挥人员应站在使操作人员能看清指挥信号的安全位

置上。当跟随负载进行指挥时，应随时指挥负载避开人及障碍物。

（4）指挥人员不能同时看清操作人员和负载时，应设中间指挥人员逐级传递信号，当发现错传信号时，应立即发出停止信号。

事故案例

1992 年，某电厂汽机房建筑工地，起重工用大型履带吊吊装厂房钢架，当钢架即将就位时，指挥人员的位置已经看不清钢架就位处的详细情况，为了急于完工，也没有再增设指挥人员传递信号，也未用其他通信工具，就仓促指挥就位，结果钢架挂住结构上的一颗螺栓而发生摆动，碰撞脚手架上的一名安装工人，造成重伤。

（5）负载降落前，指挥人员应确定降落区域安全后，方可发出降落信号。

（6）当多人绑挂同一负载时，起重工在绑挂好各自负责的吊点后应认真检查，确认无误后应及时向指挥人员汇报。

（7）用两台起重机吊运同一负载时，指挥人员应双手分别

指挥各台起重机以确保同步。

（8）在开始起吊负载时，应先用“微动”信号指挥，待负载离开地面 500~1000mm 并稳定后，再用正常速度指挥。在负载降落就位时，也应使用“微动”信号指挥。

（9）起吊物体必须绑牢，物体若有棱角或特别光滑的部分时，吊索不得与棱角或特别光滑的部分直接接触，应在棱角或滑面与吊索接触处加以包垫。

事故案例

2001 年，某电力局在施工现场，用吊车吊立 15m 电杆，吊车将电杆吊起后，在就位转向过程中，钢丝绳与电杆之间摩擦力减小，没有加防滑衬垫，电杆下滑，杆根碰在马路牙上，因杆根受到撞击，钢丝绳套产生瞬间松动，其中一根从挂钩中脱出，造成电杆脱落，砸到一名民工头部，将安全帽砸碎，抢救无效死亡。

3. 起重机械

（1）起重机械应在有关特种设备安全监督管理部门登记，经特种设备监督检验部门检测合格，并取得安全准用证后方可使用。

（2）起重机械应标明最大起重量及最大起重力矩，并悬挂安全准用证。起重机械的制动、限位、连锁以及保护等安全装置，应齐全并灵敏有效。

（3）塔式起重机、门座式起重机等高架起重机应有可靠的避雷装置。

（4）在轨道上移动的起重机，应在轨道末端 2m 处设车挡。轨道应设接地装置。

（5）起重机上应备有灭火装置。操作室内应铺绝缘胶垫，不得存放易燃物。

（6）起重机械不得超负荷起吊。

（7）起重机与周围建筑物或固定设备应保持一定的间隙，其间隙应符合 GB 6067.1—2010《起重机械操作规程》规定。

（8）起重机不得靠近架空导线作业，起重机的任何部位与架空导线的距离保证满足安全要求。

（9）流动式起重机在带电设备区域内使用时，车身应使用不小于 16mm^{2}的软铜线可靠接地。在道路上施工应设围栏和相应的警告标志。

（10）悬臂式起重机工作时，吊臂的最大仰角不得超过制造厂规定。制造厂无明确规定时，最大仰角不得超过 78°。

（11）未经机械主管部门同意，起重机械各部的机构和装置不得变更或拆换。

（12）起重机械每使用一年至少应作一次全面技术检查。对新装、拆迁、大修或改变重要技术性能的起重机械，在使用前均应按出厂说明书进行静负荷及动负荷试验。

（13）在露天使用的龙门式起重机及塔式起重机的架身上不得安设增加受风面积的设施。

（14）冬季操作室内温度低于 5℃时应设采暖设施，夏季操作室内温度高于 25℃时应设降温设施。

4. 起重工作

（1）凡属下列情况之一者，应制定专门的安全技术措施，并经本单位批准，作业时应有施工技术负责人在场指导，否则不得施工：

1）重量达到起重机械额定负荷的 90% 及以上；

2）两台及以上起重机械联合作业；

3）起吊精密物件、不易吊装的大件或在复杂场所进行大件吊装；

4）起重机械在架空导线下方或距带电体较近时；

5）爆炸品、危险品起吊时。

事故案例

2007 年 6 月，某 110kV 变电站南母检修，北母运行，检修人员使用吊车更换母线，未制订专门的吊车作业安全措施。作业时，将吊车前左腿支在电缆沟盖板上，将盖板压断，吊车左腿下陷并倾倒，吊臂对 110kV 北母线放电，造成北母失压。

（2）起吊物应绑牢，并有防止倾倒措施。吊钩悬挂点应与吊物的重心在同一垂直线上，吊钩钢丝绳应保持垂直，不应偏拉斜吊。落钩时，应防止吊物局部着地引起吊绳偏斜，吊物未固定好，严禁松钩。

（3）吊索（千斤绳）的夹角一般不大于 90°，最大不得超过 120°。

（4）起吊大件或不规则组件时，应在吊件上拴以牢固的控制拉线。

（5）起重工作区域内无关人员不得停留或通过。起吊过程中在伸臂及吊物的下方，严禁任何人员通过或停留。

（6）吊物上不许站人，施工人员不应直接利用吊钩升降。

（7）起重机吊运重物时应走吊运通道，不应从有人停留场所上空越过。对起吊的重物进行加工、清扫等工作时，应采取可靠的支承措施，并通知起重机操作人员。

（8）吊起的重物不得在空中长时间停留。在空中短时间停留时，应采取可靠措施，操作人员和指挥人员均不得离开工作岗位。

（9）起吊前应检查起重设备及其安全装置，重物吊离地面约 500~1000mm 时应暂停起吊并进行全面检查，确认机构稳定，绑扎牢固后方可继续起吊。

（10）两台及以上起重机抬吊同一重物时，应遵守下列规定：

1）绑扎时应根据各台起重机的允许起重量按比例分配负荷；

2）在抬吊过程中，各台起重机的吊钩钢丝绳应保持垂直，升降行走应保持同步。各台起重机所承受的载荷不得超过各自额定起重能力的 80%。

（11）有主、副钩两套起升机构的起重机，主、副钩不得同时开动（对于设计允许同时使用的专用起重机除外）。

（12）起重机在工作中如遇机械发生故障或有不正常现象时，放下重物、停止运转后进行排除，不应在运转中进行调整或检修。如起重机发生故障无法放下重物时，应采取适当的保险措施，除排险人员外，严禁任何人进入危险区域。

（13）起重机不应采用自由下降的方法下降吊钩或重物。

（14）不明重量、埋在地下或冻结在地面上的物件，不得起吊。

（15）不应以运行的设备、管道以及脚手架、平台等作为起吊重物的承力点。利用构筑物或设备的构件作为起吊重物的承力结构时，应经核算。利用构筑物时，还应征得原设计单位的同意。

（16）当工作地点的风力达到五级时，不得进行受风面积大的起吊作业。当风力达到六级及以上时，不得进行起吊作业。

（17）遇有大雪、大雾、雷雨等恶劣气候，或夜间照明不足，使指挥人员看不清工作地点、操作人员看不清指挥信号时，不得进行起重作业。

（二）搬运伤害防护

人工搬运是指在同一场所内对物品进行水平移动为主的物流作业，是日常生产和生活中常见的活动。搬运过程中的关键点就是要保持身体的正常四个生理弯曲，而不产生其他的脊柱弯曲，尽量减少对脊柱的压力。人工搬运中最容易受伤的就是

腰椎。因此，锁紧腰椎，保持腰部挺直，是人工搬运技术的重中之重。

防护措施如下：

（1）搬运姿势要正确。准备搬运时，双脚分开约与肩宽，一脚应放置于搬运物件之侧，另一脚放置于物件之后，背脊保持垂直。

（2）用手掌握紧物件。不能只用手指抓住物件，以免脱落。

（3）搬运重物时，重物的高度不超过人的眼睛。

（4）当搬运较长物件时，应将物件的前部分稍微提高，以免撞伤旁人。

（5）搬运重物之前，检查物体上是否有钉、尖片等物，以免造成损伤。

（6）搬运重物时，应特别小心工作台、斜坡、楼梯及一些易滑倒的地方。经过门口搬运重物时，应确保门的宽度，以防撞伤或擦伤手指。

事故案例

2013 年，某 110kV 变电站扩建 10kV 新间隔，施工人员往配电室搬开关柜。开关柜位置没有放好，距配电室一侧门框比较近，进门时，把一名工人的手挤伤，一根手指骨折。

（7）货物必须放平、放稳。

（8）多人抬杠，要由一人指挥，应同肩，步调一致，起放重物时应相互呼应协调。重大物件不准直接用肩扛运，雨、雪后抬运物件时应有防滑措施。

（9）搬运的过道应当平坦畅通，如在夜间搬运应有足够的照明。如需经过山地陡坡或凹凸不平之处，应预先制定运输方案，采取必要的安全措施。

（10）当用小车搬运物件时，无论是推、拉，物体都要在人的前方，以免物件倒下压伤人。

（11）在户外变电站和高压配电室搬动梯子、管子等长物，应两人放倒搬运，并与带电部分保持足够的安全距离。

五、物体打击防护

物体打击是指失控的物体在惯性力或重力等其他外力的作用下产生运动，打击人体而造成人身伤亡事故。常见的物体打击事故可概括为 6 类：工具、材料等物从高处掉落伤人；人为乱扔工具、材料伤人；设备带病运转伤人；设备运转中违章操作；作业平台、脚手架等堆放的杂物坠落伤人；模板拆除过程中，支撑、模板掉落伤人。

防护措施如下：

（1）进入作业现场必须戴安全帽。

（2）高处作业应一律使用工具袋。较大的工具应用绳拴在牢固的构件上，工件、边角余料应放置在牢靠的地方或用铁丝扣牢并有防止坠落的措施，不准随便乱放，以防止从高空坠落发生事故。

事故案例

2013年，某变电站更换断路器，在液压检修平台上作业的人员将拆下的配件放在平台边缘，也没有固定。一名作业人员不小心碰撞配件坠落地面，砸在地面监护人的头部，造成轻微脑震荡。

（3）禁止将工具及材料上下投掷，应用绳索拴牢传递，以免打伤下方工作人员或击毁脚手架。

（4）传递物件需捆绑牢固。在带电区域内作业，应使用绝缘绳上、下传递。地面作业人员应始终监视物件的传递情况，及时躲避掉落下的物件。

（5）在进行高处作业时，除有关人员外，不准其他人在工作地点的下面通行或逗留，工作地点下面应有围栏或装设其他保护装置，防止落物伤人。如在格栅式的平台上工作，为了防止工具和器材掉落，应采取有效隔离措施，如铺设木板等。

（6）在高处作业地点、各层平台、走道及脚手架上不得堆放超过允许载荷的物件，施工用料应随用随吊。严禁在脚手架上使用临时物体（箱子、桶、板等）作为补充台架。

（7）各个承重临时平台要进行专门设计并核算其承载力。

（8）在轻型或简易结构的屋面上工作时，应有防止坠落的可靠措施。

（9）特殊高处作业的危险区，应设围栏及“严禁靠近”的警告标志，危险区内严禁人员逗留或通行。

（10）高处作业区周围的孔洞、沟道等应设盖板、安全网或围栏并有固定其位置的措施。同时，应设置安全标志，夜间还应设红灯示警。

（11）在坠落半径内的通道口要按规定搭设双层安全防护棚。临街建筑物四边或高层建筑的周边，应用密目式安全立网封闭，防止砖碴、石子、工具等坠落伤人。

（12）高处切割物件材料时应有防坠落措施。

（13）尽量避免交叉作业，拆架或起重作业时，作业区域设警戒区，严禁无关人员进入。

（14）旋转设备投运前要进行检查，不得带病运行。传动装置的传动部分（轴、齿轮、皮带等）应设防护罩。

（15）建筑拆除区域周围应设围栏，悬挂警告标志，并派专人监护，严禁无关人员和车辆通过或停留。

（16）起重吊运物料时，必须有专人进行指挥。

六、坍塌防护

坍塌事故是指物体在外力和重力的作用下，超过自身极限强度的破坏成因，结构稳定失衡塌落而造成物体高处坠落、物体打击、挤压伤害及窒息的事故。这类事故因塌落物自重大，作用范围大，往往伤害人员多，后果严重，为重大或特大人身伤亡事故。坍塌事故主要分为：土方坍塌、模板坍塌、脚手架坍塌、拆除工程的坍塌、建筑物及构筑物的坍塌事故等五种类型。具体防护措施如下：

1. 土方施工

（1）挖掘土石方应遵循“开槽支撑，先撑后挖，分层开挖，不应超挖”的原则，自上而下进行，不应使用挖空底脚的

方法。挖掘前应将斜坡上的浮石清理干净。

（2）按土质放坡或护坡施工中，要按土质的类别，较浅的基坑，要采取放坡的措施，对较深的基坑，要考虑采取护壁桩、锚杆等技术措施，必须有专业公司进行防护施工。

（3）降水处理。对工程标高低于地下水以下，首先要降低地下水位，对毗邻建筑物必须采取有效的安全防护措施，并进行认真观测。

（4）基坑堆放工程或施工用料，应距基坑边沿 1m 以上距离。重物在基坑周围停放必须满足安全距离：汽车不小于 3m；起重机不小于 4m；土方堆放不小于 2m，堆土高度不超过 1.5m。

事故案例

2014 年，某城市道路改造，路基已挖好，但因土方堆放过高，且距基坑距离太近，突然发生坍塌，将在基坑内布设管道的两名工作人员埋没致死。

（5）土方挖掘过程中，要加强监控。机械挖土分层进行，合理放坡，严禁切割坡脚。

（6）在电杆或地下构筑物附近挖土时，其周围应加固。在靠近建筑物处挖掘基坑时，应采取相应的防坍措施。

（7）施工中（特别是雨后、解冻期及机械挖土时）应经常检查土方边坡及支撑，如发现边坡有开裂、疏松或支撑有折断、走动等危险征兆时，应立即采取措施，处理完毕后方可进行工作。

（8）上下基坑应使用梯道，梯道搭设应符合相关安全规范要求，并装设防护围栏。不应攀登挡土支撑架上下或在坑井的边坡脚下休息。

(9) 采用防冻维护法施工时，应将覆盖在土上的保温材料压牢，并划定防火范围，设“严禁烟火”的警告标志。

(10) 解冻期开挖冻土时，应按规定放大边坡并经常检查，不应用人工掏挖冻土。

2. 拆除工程

(1) 采用人工或机械拆除时，应自上而下、逐层分段进行，先拆除非承重结构，再拆除承重结构，严禁数层同时拆除。不得垂直交叉作业，作业面的孔洞应封闭。当拆除某一部分时，应防止其他部分发生倒塌。

(2) 人工拆除建筑墙体时，不得采用掏掘或推倒的方法。

(3) 在相当于拆除建筑物高度的距离内有其他建筑物时，严禁采用推倒的方法。拆除框架结构建筑，应按楼板、次梁、主梁、柱子的顺序进行。建筑物的承重支柱及横梁，应待其所承担的结构全部拆除后方可拆除。对只进行部分拆除的建筑，应先将保留部分加固，再进行分离拆除。

(4) 拆除时，楼板上不应多人聚集或集中堆放拆除下来的材料。拆除物应及时清理。

3. 模板作业

(1) 模板安装按工序进行。支柱和拉杆应随模板的铺设及时固定，拉杆不得钉在不稳固的物件上。模板未固定前不得进行下道工序。

(2) 对模板支撑宜采用钢支撑材料作支撑立柱，不得使用严重锈蚀、变形、断裂、脱焊、螺栓松动的钢支撑材料和竹材作立柱。

(3) 模板顶撑应垂直，低端应平整并加垫木。支撑必须用横杆和剪刀撑固定，支撑处地基必须坚实，严防支撑下沉、倾倒。

(4) 桁排架支模时，应事先考虑拆模顺序和方法。

（5）组装、固定钢模板的模，竖联杆的间距、规格及断面的选用，均应通过计算确定，并明确规定最大模板尺寸。

（6）安装钢模版架设的支撑应有足够的支撑面积，支撑下的地面应平整，夯实并加垫木板，湿陷性地区应做防止湿陷的处理。支撑应于模版面垂直，用斜撑时角度不得小于60度。

4. 脚手架

（1）脚手架搭设后，应经施工及使用部门验收合格并挂牌后方可交付使用。使用中应定期检查和维护。

事故案例

2010年8月，某电业局进行220kV变电站改建，工程内容：将原来的户外变电站改建为全户内式GIS变电站。将土建工程分包给鑫佳城公司，由其负责层间楼板的混凝土浇筑和脚手架搭设工作。电业局在组织验收脚手架时，发现1、2号主变压器室顶板支撑脚手架搭设存在立横杆间距过大、剪刀撑和扫地杆数量不足、部分支撑结构悬空等问题，当即向鑫佳城公司下达了整改通知书。接着，鑫佳城公司安排工人对不合格部分脚手架进行整改加固。加固完毕，鑫佳城公司为了抢工期，在没有通知电业局复查验收且无人进行作业监护的情况下，作业负责人擅自带领9名混凝土工和1名钢筋工共11人，开始进行混凝土浇筑作业。作业人员正在进行15.31m层主变压器顶板混凝土浇筑且已完成约26m^3、顶板和梁柱即将形成时，作业面的模板支撑体系突然垮塌，当即造成顶板上作业人员落下，致1人死亡、2人重伤、8人轻伤。

（2）搭设脚手架的材料应符合安全要求。

（3）脚手架地基应平整坚实，回填土地基应分层回填、夯实，脚手架底座底面标高宜高于自然地坪 50mm。脚手架区域应确保排水畅通。

（4）脚手架的两端、转角处以及每隔 6~7 根立杆，应设支杆及剪刀撑。支杆和剪刀撑与地面的夹角不得大于 60°。支杆埋入地下深度不得小于 300mm。架子高度在 7m 以上或无法设支杆时，竖向每隔 4m、横向每隔 7m 应与建筑物连接牢固。

（5）脚手架上不应固定模板支架、缆风绳及泵送混凝土和砂浆的输送管等。

（6）在准备拆除脚手架的周围应设围栏，并在路口悬挂警示牌。无关人员不在拆除区域内逗留。

（7）拆除脚手架应有专人监护。

（8）拆除脚手架必须自上而下逐层进行，严禁上下同时作业或将脚手架整体推倒。

七、机械伤害防护

机械伤害主要指机械设备运动（静止）部件、工具、加工件直接与人体接触引起的夹击、碰撞、剪切、卷入、绞、碾、割、刺等形式的伤害。机械伤害人体最多的部位是手。

（1）机械操作人员必须经过专业培训，能掌握该设备性能的基础知识，经考试合格，持证上岗。严禁无证人员开动机械设备。

（2）工作时必须穿着工作服，工作人员的工作服不应有可能被转动机械绞住的部分，工作服的袖口必须扣好，禁止戴围巾和穿长衣服。女工的辫子、长发必须盘在工作帽内。

（3）机械设备要定期保养、维修，经常进行安全检查，消除安全隐患。带“病”设备未修复达标前严禁使用。

（4）机械启动前应将离合器分离或将变速杆放在空挡位

置，确认周围无人和无障碍物后方可启动。

（5）机械行驶时不得上下人员及传递物件，不得在陡坡上转弯、倒行或停车，下坡时不得用空挡滑行。机械停车或在坡道上熄火时，应将车刹住。

（6）排除设备故障或清理卡料前，必须停机。

（7）检修机械必须严格执行停电、挂警示牌和设专人监护的制度。机械断电后，必须确认其惯性运转已彻底消除后才可进行工作。机械检修完毕，试运转前，必须对现场进行细致检查，确认机械部位人员全部彻底撤离方可送电。检修试车时，严禁有人留在设备内。

（8）人手直接频繁接触的机械，必须有完好紧急制动装置，该制动按钮位置必须使操作者在机械作业活动范围内可随时触及到；机械设备各传动部位必须有可靠防护装置；各孔、投料口、刮板输送机等部位必须有盖板、护栏和警示牌，作业环境应保持整洁卫生。

事故案例

2000 年，某纺织厂职工朱××与同事一起操作滚筒烘干机进行烘干作业。朱××在向烘干机放料时，被旋转的联轴节挂住裤脚口摔倒在地。待旁边的同事听到呼救声后，马上关闭电源，使设备停转，才使朱某脱险。但朱××腿部已严重擦伤。引起该事故的主要原因就是烘干机马达和传动装置的防护罩在上一班检修作业后没有及时罩上而引起的。

（9）各机械开关布局必须合理，必须符合两条标准：一是便于操作者紧急停车；二是避免误开动其他设备，同时标识清楚。

（10）对机械进行清理积料、捅料等作业，应遵守停机停电挂警示牌制度。

（11）严禁无关人员进入危险因素大的机械作业现场，非本机械作业人员因事必须进入的，要先与当班工作人员取得联系，经同意后并采取安全措施方可进入。

（12）使用钻床时不准戴手套，须把钻孔的工件安设牢固，较大工件应有人扶住，方可进行。钻孔时钻头应轻轻接触工件。清除钻孔内的金属屑时，必须先停止钻头的转动，不准用手直接清除铁屑。

事故案例

2002 年，陕西一煤机厂职工小吴正在摇臂钻床上进行钻孔作业。测量零件时，小吴没有关停钻床，只是把摇臂推到一边，就用戴手套的手去搬动工件，这时，飞速旋转的钻头猛地绞住了小吴的手套，强大的力量拽着小吴的手臂往钻头上缠绕。小吴一边喊叫，一边拼命挣扎，等其他工友听到喊声关掉钻床，小吴的手套、工作服已被撕烂，右手小拇指也被绞断。

（13）不准手提电气工具的导线和转动部分。

（14）不准使用无合格防护罩和有裂纹及其他不良情况的砂轮机和无齿锯。

（15）使用砂轮机时应戴防护眼镜或装设防护玻璃。用砂轮机磨工件时应使火星向下，不准砂轮机的侧面研磨。

（16）使用无齿锯时操作人员应站在锯片的侧面，锯片应缓缓靠近被割物件。

（17）使用锯床时，工件必须夹牢，长的工件两头应垫牢，防止工件锯断时伤人。

八、淹溺防护

淹溺又称溺水，是指人淹没于水或其他液体介质中并受到伤害。人淹没于水中，本能地引起反应性屏气，避免水进入呼吸道。由于缺氧，不能坚持屏气而被迫深呼吸，从而使大量水进入呼吸道和肺泡，阻滞气体交换，引起全身缺氧和二氧化碳滞留。呼吸道内的水迅速经肺泡吸收到血液循环，会引起血液渗透压改变、电解质紊乱和组织损害，最后可能造成因呼吸停止和心脏停搏而死亡。

（1）巡视线路时禁止泅渡；不得在薄冰上行走；过桥时要小心，防止落水。

（2）进行水上作业时必须穿救生衣，并应在监护人的监护下工作。

（3）需要渡河时，必须要摸清河水情况，采取针对性措施后方可渡河。不得穿过不明深浅的水域。

（4）夏季野外作业人员不要独自一人外出游泳，更不要到不摸底和不知水情或比较危险的易发生溺水地方游泳。

（5）对危险水源要采取安全隔离措施，如岸边设置护栏、水井加盖、危险水域设置警戒线和警示标牌等。

（6）在水上桥梁、水上平台等有溺水危险的区域作业应遵守以下规定：

1）作业人员必须经过体检，确认无高血压、冠心病等疾病。

2）现场应设安全围栏和防止落水的警示标牌，还应设专职安全员进行巡视、看护。

3）严禁酒后作业。

4）6 级以上大风或暴雨台风等恶劣天气停止作业。

5）夜间作业必须有足够的照明。

九、车辆伤害与道路交通防护

车辆伤害是指事故中受伤人员是由于车辆碰撞引起的伤害。道路交通事故，是指车辆在道路上因过错或者意外造成的人身伤亡或者财产损失的事件。

（1）严格遵守《道路交通安全法》《道路运输驾驶操作规程》，谨慎驾驶，安全驾驶，文明驾驶。杜绝无证驾车，酒后驾车，疲劳驾车，超速行驶，争道抢行，违章超车，违章超载，拨打接听手持电话，观看电视等违章行为。

事故案例

1986 年，某厂电瓶车司机将装满桶的电瓶车停放在车间办公室门口后去厕所，一名无驾驶证的制桶工未经任何人同意就将停放的电瓶车拖带的运桶拖盘摘下，私自开车运木头。当将所运木头卸完，向原停放位置倒车途中，电瓶车左后侧顶在制桶车间一勤杂工的臂部，将其顶出数米远，撞在摘下的运桶拖盘车上，被撞勤杂工经抢救无效死亡。

事故案例

2005 年，某送变电分公司驾驶员郝某驾驶一辆五十铃客货车从公司基地出发，前往市区参加渝怀铁路电气化工程协调会的途中，晚上在沙坝乡洞沟大桥处，因车速过快，司机处置不当，冲破大桥栏杆，坠入约 150m 高的桥下深沟，车上乘坐 6 人全部遇难。此次事故定性是：车速过快，操作不当，驾驶员对路况不熟悉。

（2）按规定适时对车辆进行检验、维修，随时保证车辆的完好状态。同时，驾驶员还要严格执行出车前，行车中及收车后的车辆“三检”制度，及时发现、排除各种故障与隐患。严禁车辆带“病”行驶。

（3）提醒乘客遵守有关规定，如开车前系好安全带，不要将手和头伸出窗外等。

（4）厂区内各种交通信号、标志、设施的覆盖面，特别是在繁忙路段、弯道、坡道、狭窄路段、交叉路口、门口等特殊条件下应达到100%。严格遵守厂区内车辆行驶速度的规定。

（5）恶劣天气，不准出车。

（6）客车、轿车内不允许装载易燃、易爆等危险物品。

事故案例

2011 年，某市交通运输集团有限公司驾驶人邹某驾驶大型卧铺客车，乘载 47 人（核载 35 人），行驶至河南省信阳市境内京港澳高速公路 938km 加 115m 处，因车厢内违法装载的易燃危险化学品突然发生爆燃，客车起火燃烧，造成 41 人死亡、6 人受伤。

（7）危险化学品的运输实行许可制度，驾驶员应经过专门的培训。运输危险品的车辆必须按规定设置明显的标识。其他车辆行驶时要与危化品运输车辆保持足够的安全距离。

事故案例

2014 年，某高速隧道内两辆运输甲醇的车辆追尾相撞，导致前车甲醇泄漏，司机在处置过程中未按操作规程操作，甲醇起火燃烧，隧道内 42 台车辆及煤炭等货物被引燃引爆，大火持续 73h。造成 31 人死亡，9 人失踪。

（8）叉车装卸：

1）要严格遵守有关装卸的规定和操作规程。

2）叉载的物品不能超过额定起重量。重量不清应试叉，不许冒险蛮干。

3）禁止两车共叉一物。特殊情况除制定完善的保证措施外，应进行空车模拟操作，待两车动作协调后方准作业。

4）叉车作业升降、倾斜操作要平稳，行驶时不要急转弯、转向。

5）驾驶员应了解所搬运物品的性质，易滚动易滑物品要捆绑牢固，不准搬运易燃、易爆等危险用品。

十、火灾与爆炸防护

火灾通常是指违反人的意图而发生或扩大，最终在时间与空间上失去控制并造成财物和人身伤害的燃烧现象。爆炸是物质从一种状态，经过物理或化学变化，突然变化成另一种状态，并放出巨大的能量。急剧释放的能量，将使周围的物体遭受到猛烈的冲击和破坏，也会使周围的人员受到伤害。

1. 一般要求

（1）在临建区域、施工现场及重要机械设备旁，应有相应的消防器材，一般按建筑面积每 120m^2 设置标准灭火器一个。在施工现场动火时，应增设相应类型及数量的消防器材。

（2）消防设施应有防雨、防冻措施，并定期进行检查试验，保证有效。砂桶（箱、袋）、斧、锹、钩子等消防器材应放置在明显、易取处，不得任意移动或遮盖，严禁挪作他用。

（3）在油库、木工间及其他易燃、易爆物品仓库等场所严禁吸烟，并设“严禁烟火”的明显标志，采取相应的防火措施。

（4）严禁在办公室、工具房、休息室、宿舍等房屋内存放易燃、易爆物品。

（5）在防火重点部位或易燃、易爆区周围动用明火，应执行动火工作票制度。

事故案例

2003年，某发电有限公司一名工人在油罐顶部进行管道接头焊接，电焊火花引燃由人孔盖板上孔洞扩散出的油蒸汽，发生爆炸起火，造成现场人员5死1伤，燃烧736吨柴油和两只油罐及部分配套设施的事故。

（6）挥发性易燃材料不得装在敞口容器内或存放在普通仓库内。装过挥发性油剂及其他易燃物质的容器，应及时退库并保存在距构筑物不小于25m的单独隔离场所。装过挥发性油剂及其他易燃物质的容器未与运行设备彻底隔离及采取清洗置换等措施，严禁用电焊或火焊进行焊接或切割。

2013年，某工业园区内，进行电焊作业，现场作业的电焊工没有经过专业培训，未取得电焊许可证。电焊点与堆放石蜡没有保持足够的安全距离，飞溅的火花引燃了石蜡易燃外包装，发生火灾，直接损失为2100万元。

（7）储存易燃、易爆液体或气体仓库的保管人员，严禁穿用丝绸、合成纤维等易产生静电的材料制成的服装入库。

（8）运输易燃、易爆等危险物品，应按当地公安部门的有关规定申请，经批准后方可进行。

（9）采用易燃材料包装或设备本身必须防火的设备箱，严禁用火焊切割的方法开箱。

（10）烘燥间或烘箱的使用及管理应有专人负责。

（11）熬制沥青或调制冷底子油应在建筑物的下风方向进行，距易燃物不得小于10m，不应在室内进行。

（12）进行沥青或冷底子油作业时应通风良好，作业时及施工完毕后的24h内，其作业区周围30m内严禁明火。在室内施工时，照明应符合防爆要求。

（13）加强对锅炉、压力容器的安全管理，严格执行操作规程。

2000年，某煤气发电厂厂长指令锅炉房带班班长对锅炉进行点火，随即该班职工将点燃的火把从锅炉从南侧的点火口送入炉膛时发生爆炸事故。尚未正式移交使用的煤气发电锅炉在点火时发生炉膛煤气爆炸，

炉墙被摧毁，炉膛内水冷壁管严重变形，最大变形量为1.5m。钢架不同程度变形，其中中间两根立柱最大变形量为230mm，部分管道、平台、扶梯遭到破坏，锅炉房操作间门窗严重变形、损坏。锅炉烟道、引风机被彻底摧毁，烟囱发生粉碎性炸毁，砖飞落到直径约80m范围内，砸在屋顶的较大体积烟囱砖块造成锅炉房顶11处孔洞，汽轮发电机房顶13处孔洞，最大面积约$15m^2$，锅炉房东墙距屋顶1.5m处有12m长的裂缝。炸飞的烟囱砖块将正在厂房外施工的人员2人砸死，另造成5人重伤，3人轻伤。爆炸冲击波还使距锅炉房500m范围内的门窗玻璃不同程度地被震坏。

2. 电力设备火灾与爆炸防护

（1）运行中的电力变压器、电抗器、电容器、互感器等注油电气设备，要严密监视其油品质的变化、温度的变化、负荷变化以及油泄漏等，发现异常及时处理，防止引发火灾。

（2）对运行中的电气设备的接头部位进行红外诊断，及时发现并处理发热，防止过热导致绝缘击穿起弧。

（3）电力设备的额定电流应按照负荷电流的来选择，严禁超载。

（4）变压器火灾与爆炸防护要求如下：

1）变压器外壳与接地网可靠连接，进线避雷器运行正常，防止雷击起火。

2）进行变压器干燥时，工作人员必须熟悉各项操作规程，事先做好防火安全措施。并防止冷却系统故障和绕组过热烧坏变压器。

3）变压器放油后（器芯暴露在空气中）进行电气试验，严防因感应高电压或通电时发热，引燃油纸等绝缘物。

4）在处理变压器引线接头及在变压器周围进行明火作业时，必须事先做好防火措施，且现场应放置一定数量的消防器材。

5）变压器周围不准放置易燃易爆物品及其他杂物，主变压器区域的消防设施应完善。在靠近变压器的地方不准点火。

6）变压器储油池的通道应保持通畅。

（5）在有爆炸、火灾危险场所和有腐蚀的场所，一般不使用闸刀开关。

（6）电容器要做好防潮、防雨雪以及防小动物进入的措施。发现电容器外壳膨胀或严重漏油，须立即申请停电检修。

（7）严禁在蓄电池室内吸烟和将任何火种带入蓄电池室内。当蓄电池室受到外界火势威胁时，应立即停止充电，如刚充电完毕，则应继续开启排风装置，抽出室内不良气体。当蓄电池室通风装置的电器设备或蓄电池室内的空气入口处附近有火势时，应立即切断该设备电源。

（8）凡穿越墙壁、楼板和电缆沟道进入控制室、电缆夹层、控制柜、仪表盘、保护盘、配电室等处的电缆孔、洞、竖井及控制室和配电室之间、进入油区的电缆入口处必须用有机防火堵料严密封堵。电缆沟道内每隔 60m 处、丁字口处、拐弯处、进入室内处必须设置防火隔墙。电缆夹层、隧道、竖井、电缆沟内应保持整洁，不准堆积杂物，电缆沟内严禁积油。

十一、酸碱伤害防护

酸碱伤害主要指作业人员接触酸或碱，造成皮肤、眼睛以及呼吸系统的刺激性损害。酸碱伤害以硫酸、盐酸、硝酸最为多见。酸碱对皮肤、黏膜等组织有强烈的刺激和腐蚀作用。防

护措施如下：

（1）操作人员必须经过专门培训，严格遵守操作规程。

（2）操作尽可能机械化、自动化。

（3）呼吸道的防护主要是防止呼吸道吸入酸雾、酸蒸气、酸性气体和碱性粉尘，可分别选用防护用品。

（4）皮肤、眼睛的防护主要是阻离、减少皮肤直接接触酸碱液体、酸雾、酸性气体和碱性粉尘等有害物质，避免酸碱液滴、酸雾、碱性粉尘危害眼睛。可根据生产条件和工作性质选用不同的防护用品。

（5）酸碱操作人员按要求穿、戴防护用品。工作场所严禁吸烟。搬运时要轻装轻卸，防止包装及容器损坏。

（6）配制和存放酸（碱）性蓄电池电解液应用耐酸（碱）器具，并将酸（碱）慢慢倒入蒸馏水或去离子水中，并用干净耐酸（碱）棒搅动，严禁将水倒入电解液中。

事故案例

1998年，某110kV变电站铅酸蓄电池组有2只单体电瓶的电解液低于下限。因该站距变电工区较远，直流专业人员电话委托运行人员现场配置电解液，但没有详细交代配置方法。运行人员在将蒸馏水倒入硫酸的过程中，硫酸溅出，脸部灼伤。

（7）酸碱储存于阴凉、通风的库房。库温不超过35℃，相对湿度不超过85%。保持容器密封。应与易（可）燃物、还原剂、碱类、碱金属、食用化学品分开存放，切忌混储。

十二、高温伤害防护

高温伤害是夏季以及其他高温环境下作业容易发生的身体

损害。在环境温度变化时，机体通常通过出汗、呼吸、寒战和调节皮肤与内脏器官之间的血流使体温波动范围很小。然而，长期在高温下或过度的热辐射，就会引起高温损害，如热衰竭、中暑和热痉挛。湿度增高减少了出汗的降温作用，加上长时间的重体力劳动，增加肌肉产生的热量，也增加了高温损害的危险。具体防护措施如下：

（1）高温作业工人应该补充与出汗量相等的水分和盐分，饮料的含盐量以 0.15%～0.2% 为宜，饮水方式以少量多次为宜；适当增加高热量饮食和蛋白质以及维生素和钙等。

（2）高温作业工人的工作服，应以耐热、导热系数小而透气性能好的织物制成，按照不同工种需要，还应当配发工作帽、防护眼镜、面罩、手套、鞋盖、护腿等个人防护用品。

（3）对高温作业工人应该进行就业前和入暑前体格检查，凡有心血管系统器质性疾病、血管舒缩调节机能不全、持久性高血压、溃疡病、活动性肺结核、肺气肿、肝、肾疾病，明显内分泌疾病（如甲状腺机能亢进）、中枢神经系统器质性疾病、过敏性皮肤疤痕患者、重病后恢复期及体弱者，均不宜从事高

温作业。

（4）严格遵守国家有关高温作业卫生标准搞好防暑降温工作，如按照GB/T 4200—1997《高温作业分级》中的方法和标准，对本单位的高温作业进行分级和评价，一般应每年夏季进行一次。

（5）宣传防暑降温和预防中暑的知识。

（6）合理安排工作时间，避开最高气温。轮换作业，缩短作业时间。设立休息室，保证高温作业工人有充分的睡眠和休息。

事故案例

2011年暑期，某变电站扩建，工期紧，任务重。施工人员为赶进度，中午不休息，在30℃高温下作业。一名人员中暑眩晕从刀闸架构上掉下，该员工规范佩戴安全帽，且地面还没有硬化，侥幸未造成重伤。

十三、粉尘伤害防护

生产性粉尘可使接尘作业工人患尘肺病，还可能引发粉尘爆炸事故，严重威胁着接尘工人的身体健康和生命安全。目前，生产性粉尘仍是我国主要的职业危害因素之一，而尘肺病是我国危害最严重的职业病，给患者带来了不可逆转的病痛、劳动能力降低和生活质量下降等伤害。

（1）就业前及定期体检，对新从事粉尘作业工人，必须进行健康检查，建立健康档案。发现有不宜从事粉尘作业的疾病时，及时调离。

（2）根据不同性质的粉尘，佩戴不同类型的防尘口罩、呼吸器、防毒面具，切断粉尘进入呼吸系统的途径。

（3）正确穿戴工作服、头盔、眼镜等，阻隔粉尘与皮肤的接触。

（4）禁止在粉尘作业现场进食、抽烟、饮水等。

（5）保护尘肺患者能得到合适的安排，享受国家政策允许的应有待遇，对其应进行劳动能力鉴定，并妥善安置。

十四、噪声伤害防护

噪声是指发声体做无规则振动时发出的声音。噪声对人体的影响是全身性的，既可以引起听觉系统的损伤，也可以对非听觉系统产生影响。这些影响的早期主要是生理性改变，长期接触比较强烈的噪声，可以引起病理性变化。此外，作业场所中的噪声还可以干扰语言交流，影响工作效率，甚至引起意外事故。噪声对听觉系统的损伤主要引起噪声性听力损伤；对非听觉系统的损害主要是对神经、心血管、生殖、消化等系统引起的特异或非特异的有害作用。常见的噪声源主要有：机械性噪声、空气动力性噪声以及电磁性噪声等。因各种原因，生产场所的噪声强度暂时不能得到控制，需要在特殊高噪声条件下工作时，防护措施如下：

（1）佩戴个人防护用品是保护听觉器官的一项有效措施。最常用的是耳塞，一般由橡胶或软塑料等材料制成，根据外耳道形状设计大小不等的各种型号，隔声效果可达 25~30dB。此外还有耳罩、帽盔等，其隔声效果优于耳塞，耳罩隔声效果可达 30~40dB。

（2）合理安排劳动和休息：噪声作业工人应适当安排工间休息，休息时应离开噪声环境，以消除听觉疲劳。

（3）加强健康监护。用人单位应建立健全职业健康监护制度，做好上岗前、在岗期间、离岗时和应急的健康检查。接噪人员上岗前体检应进行纯音测听并存档，若出现永久性感音神

经性听力损失大于25dB，或患有各种能引起内耳听觉神经系统功能障碍疾病的人，均不宜从事强噪声作业。在岗人员体检周期为1年，发现高频听力下降者，应注意观察并采取有效的防护措施。

事故案例

李某在钢厂工作9年，工作现场噪声大。单位没有定期组织体检，造成他噪声性耳聋转变为神经性耳聋，无法治愈。

十五、中毒和窒息防护

（一）中毒防护

中毒是指当外界某化学物质进入人体后，与人体组织发生反应，引起人体发生暂时或持久性损害。毒物进入体内，发生毒性作用，使组织细胞破坏、生理机能障碍、甚至引起死亡等现象。

1. 一般要求

（1）凡接触有毒有害物品或不熟悉的化学物品，必须弄清楚该物品的化学或物理性能，以及安全使用知识，否则禁止使用。

（2）对有中毒危险的岗位，要制定防救措施和设置相应的防护用具。

（3）对有毒有害场所的有害物浓度，要定期检测，使之符合标准。

（4）对各类有毒物品和防毒器具必须有专人管理，并定期检查。

2. 在SF_6设备上工作

（1）工作人员进入SF_6配电装置室，入口处若无SF_6气体含量显示器，应先通风 15min，并用检漏仪测量 SF_6 气体含量合格。尽量避免一人进入 SF_6 配电装置室进行巡视，不准一人进入从事检修工作。

（2）工作人员不准在 SF_6 设备防爆膜附近停留。若在巡视中发现异常情况，应立即报告，查明原因，采取有效措施进行处理。

（3）进入 SF_6 配电装置低位区或电缆沟进行工作应先检测含氧量（不低于 18%）和 SF_6 气体含量是否合格。

（4）在打开的 SF_6 电气设备上工作的人员，应经专门的安全技术知识培训，配置和使用必要的安全防护用具。

（5）设备解体检修前，应对 SF_6 气体进行检验。根据有毒气体的含量，采取安全防护措施。检修人员需穿着防护服并根据需要佩戴防毒面具或正压式空气呼吸器。打开设备封盖后，现场所有人员应暂离现场 30min。取出吸附剂和清除粉尘时，检修人员应戴防毒面具或正压式空气呼吸器和防护手套。

（6）设备内的 SF_6 气体不准向大气排放，应采取净化装置回收，经处理检测合格后方准再使用。回收时作业人员应站在上风侧。

（7）从 SF_6 气体钢瓶引出气体时，应使用减压阀降压。当瓶内压力降至 9.8×10^4Pa（1 个大气压）时，即停止引出气体，并关紧气瓶阀门，盖上瓶帽。

（8）SF_6 配电装置发生大量泄漏等紧急情况时，人员应迅速撤出现场，开启所有排风机进行排风。未佩戴防毒面具或正压式空气呼吸器人员禁止入内。只有经过充分的自然排风或强制排风后，人员才准进入。发生设备防爆膜破裂时，应停电处理，并用汽油或丙酮擦拭干净。

（9）进行气体采样和处理一般渗漏时，要戴防毒面具或正压式空气呼吸器并进行通风。

（10）SF_6断路器（开关）进行操作时，禁止检修人员在其外壳上进行工作。检修结束后，检修人员应洗澡，把用过的工器具、防护用具清洗干净。

（11）SF_6气瓶应放置在阴凉干燥、通风良好、敞开的专门场所，直立保存，并应远离热源和油污的地方，防潮、防阳光曝晒，并不得有水分或油污粘在阀门上。

3. 电缆工作

电缆井内工作禁止只打开一只井盖（单眼井除外）。进入电缆井、电缆隧道前，应先用吹风机排除浊气，再用气体检测仪检查井内或隧道内的易燃易爆及有毒气体的含量是否超标，并做好记录。电缆沟的盖板开启后，应自然通风一段时间，经测试合格后方可下井沟工作。电缆井、隧道内工作时，通风设备应保持常开，以保证空气流通。在通风条件不良的电缆隧（沟）道内进行长距离巡视时，工作人员应携带便携式有害气体测试仪及自救呼吸器。

制作环氧树脂电缆头和调配环氧树脂工作过程中，应采取有效的防毒措施。

（二）窒息防护

窒息是指人体的呼吸过程由于某种原因受阻或异常，所产生的全身各器官组织缺氧，二氧化碳潴留而引起的组织细胞代谢障碍、功能紊乱和形态结构损伤的病理状态。当人体内严重缺氧时，器官和组织会因为缺氧而广泛损伤、坏死，尤其是大脑。气道完全阻塞造成不能呼吸只要 1min，心跳就会停止。只要抢救及时，解除气道阻塞，呼吸恢复，心跳随之恢复。防护措施如下：

（1）加强作业人员培训，学习掌握预防窒息性气体中毒的知识，对窒息危险的岗位，要制定防救措施和设置相应的防护用具。设置密闭空间警示标识，防止未经许可人员进入。

（2）制定和实施许可进入程序，严格遵守操作规程。进入危险区工作时，要首先测量氧气和窒息性气体浓度，确保符合国家规定的职业接触限值。同时，佩戴符合现场环境要求的呼吸器，在陪护人员的监护下方可进入。

（3）甲烷、氮气、二氧化碳等单纯窒息性气体的防护重点是要考虑作业点是否缺氧，进入作业场所前要全面通风并监测氧气浓度，携带便携式氧气报警器和供气式呼吸防护产品。使用过滤式呼吸器是无效的。

（4）多数化学性窒息性气体无刺激性气味（如一氧化碳）或容易导致嗅觉麻痹（如硫化氢），使用者无法根据刺激性提示防护失效，用人单位应定期监测危害物浓度，根据浓度估算过滤式呼吸器的防护时间，定时更换。

（5）一氧化碳是无色、无味、无刺激性的低警示性气体，应尽量使用供气式呼吸防护产品。

第三讲

现场作业安全常识

电网专业分得细　运维检修和试验
调控通信和二次　输电配电和基建
安全常识须牢记　组织措施严落实
技术措施做到位　安全目标能实现

一、变电运维现场安全常识

1. 一般安全要求

（1）运维人员应熟悉电气设备。单独值班人员或运维负责人还应有实际工作经验。

（2）高压设备符合下列条件者，可由单人值班或单人操作：

1）室内高压设备的隔离室设有遮栏，遮栏的高度在 1.7m

以上，安装牢固并加锁者；

2）室内高压断路器（开关）的操动机构（操作机构）用墙或金属板与该断路器（开关）隔离或装有远方操动机构（操作机构）者。

（3）换流站不允许单人值班或单人操作。

（4）无论高压设备是否带电，工作人员不得单独移开或越过遮栏进行工作；若有必要移开遮栏时，应有监护人在场，并符合表3-1的安全距离。

表3-1　设备不停电时的安全距离

电压等级（kV）	安全距离（m）	电压等级（kV）	安全距离（m）
10及以下（13.8）	0.70	1000	8.70
20、35	1.00	±50及以下	1.50
63（66）、110	1.50	±400	5.90
220	3.00	±500	6.00
330	4.00	±660	8.40
500	5.00	±800	9.30
750	7.20		

注　1. 表中未列电压等级按高一挡电压等级安全距离。
2. ±400数据是按海拔2000m校正的，海拔4000m时安全距离为6.00m。750kV数据是按海拔2000m校正的，其他等级数据按海拔1000m校正。

（5）待用间隔（母线连接排、引线已接上母线的备用间隔）应有名称、编号，并列入调控中心管辖范围。其隔离开关（刀闸）操作手柄、网门应加锁。

（6）在手车开关拉出后，应观察隔离挡板是否可靠封闭。封闭式组合电器引出电缆备用孔或母线的终端备用孔应用专用器具封闭。

（7）运行中的高压设备其中性点接地系统的中性点应视作带电体，在运行中若必须进行中性点接地点断开的工作时，应先建立有效的旁路接地才可进行断开工作。

（8）换流站内，运行中高压直流系统直流场中性区域设备、站内临时接地极、接地极线路及接地极均应视为带电体。

（9）运维人员不得变更有关检修设备的运行接线方式。工作负责人、工作许可人任何一方不得擅自变更安全措施，工作中如有特殊情况需要变更时，应先取得对方的同意并及时恢复。

2. 高压设备巡视

（1）经本单位批准允许单独巡视高压设备的人员巡视高压设备时，不得进行其他工作，不得移开或越过遮栏。

事故案例

2004 年，某 110kV 变电站站长在巡视设备时，发现 110kV 少油断路器三角腔处有油渍。擅自越过遮栏，爬上设备用棉纱擦拭，触电死亡。

（2）雷雨天气，需要巡视室外高压设备时，应穿绝缘靴，并不得靠近避雷器和避雷针。

（3）火灾、地震、台风、冰雪、洪水、泥石流、沙尘暴等灾害发生时，如需要对设备进行巡视时，应制定必要的安全措

施，得到设备运维管理单位批准，并至少两人一组，巡视人员应与派出部门之间保持通信联络。

（4）高压设备发生接地时，室内不得接近故障点4m以内，室外不得接近故障点8m以内。进入上述范围人员应穿绝缘靴，接触设备的外壳和构架时，应戴绝缘手套。

（5）巡视室内设备，应随手关门。

（6）高压室的钥匙至少应有三把，由运维人员负责保管，按值移交。一把专供紧急时使用，一把专供运维人员使用，其他可以借给经批准的巡视高压设备人员和经批准的检修、施工队伍的工作负责人使用，但应登记签名，巡视或当日工作结束后交还。

3. 倒闸操作

（1）倒闸操作应根据值班调控人员或运维值班负责人的指令，受令人复诵无误后执行。发布指令应准确、清晰，使用规范的调度术语和设备双重名称，即设备名称和编号。发令人和受令人应先互报单位和姓名，发布指令的全过程（包括对方复诵指令）和听取指令的报告时应录音并做好记录。操作人员（包括监护人）应了解操作目的和操作顺序。对指令有疑问时应向发令人询问清楚无误后执行。发令人、受令人、操作人员（包括监护人）均应具备相应资质。

（2）监护操作时，其中一人对设备较为熟悉者作监护。特别重要和复杂的倒闸操作，由熟练的运维人员操作，运维负责人监护。

（3）由操作人员填用操作票。操作票应用黑色或蓝色的钢（水）笔或圆珠笔逐项填写。用计算机开出的操作票应与手写票面统一，操作票票面应清楚整洁，不得任意涂改。操作票应填写设备的双重名称。操作人和监护人应根据模拟图或接线图核对所填写的操作项目，并分别手工或电子签名，然后经运维负责人（检修人员操作时由工作负责人）审核签名。

（4）倒闸操作的基本条件：

1）有与现场一次设备和实际运行方式相符的一次系统模拟图（包括各种电子接线图）。

事故案例

2004年，某220kV变电站，由于一次设备和模拟图显示状态不一致，错误填写操作票，引发一起带地刀合刀闸造成变电站全停的事故。事故原因：6：50，省调令将“220kV丁母线、旁母线、母旁断路器由运行转检修”。当值监护人吕某，操作人庞某在停电操作完之后，没有按照现场运行规程要求，将停电操作结束的信息用微机电脑钥匙回传到微机开票系统中，导致微机开票系统中设备状态与现场停电设备实际状态不符。9：30，当值操作人张某根据省调预令“填写恢复送电的操作票”时，没有用微机开票系统进行开票，而是在系统维护中调出事先准备好的操作票，参照停电操作票填写地线及接地刀闸项目，且输入漏项，未将“拉开220kV旁母D2670接地刀闸”写入操作票内。监护人，站长在审核操作票时，未发现操作票存在严重错误。模拟预演时也未发现D2670在合位。一系列的错误导致发生恶性误操作事故。

2）操作设备应具有明显的标志，包括：命名、编号、分合指示，旋转方向、切换位置的指示及设备相色等。

3）高压电气设备都应安装完善的防误操作闭锁装置。防误闭锁装置不得随意退出运行，停用防误闭锁装置应经设备运维管理单位批准。短时间退出防误闭锁装置时，应经变电运维班（站）长或发电厂当班值长批准，并应按程序尽快投入。

4）有值班调控人员、运维负责人正式发布的指令，并使用经事先审核合格的操作票。

（5）停电拉闸操作应按照断路器（开关）——负荷侧隔离开关（刀闸）——电源侧隔离开关（刀闸）的顺序依次进行，送电合闸操作应按与上述相反的顺序进行。严禁带负荷拉合隔离开关（刀闸）。

装设接地线（合接地刀闸、装置）前必须验明无电压。设备检修后合闸送电前，必须检查确认送电范围内接地刀闸（装置）已拉开，接地线已拆除。

事故案例

2005 年，某供电公司 220kV 变电站临时加装接地线未做记录引发带地线合开关恶性误操作事故。事故经过：5 日，110kV 花石线 32 断路器停电检修，变电运行二部填写了三张一种工作票，其中一张为：TA 和耦合电容器试验。当日，根据工作票所列安全措施，当值运行乙班装设了一组临时接地线，并在工作票上做了注明，但当值乙班值班长未在工作日志填写临时接地线情况。6 日，运行丙班到站接班，交接班时未交代临时接地情况，交接班巡视也未发现，也未检查巡视安全工器具室。接班后的定期巡视，也未发现临时接地线。21：42，花石线 32 断路器线路送电操作时，发生带地线合闸。

（6）开始操作前，应先在模拟图（或微机防误装置、微机监控装置）上进行核对性模拟预演，无误后，再进行操作。操作前应先核对系统方式、设备名称、编号和位置，操作中应认真执行监护复诵制度（单人操作时也应高声唱票），宜全过程录音。操作过程中应按操作票填写的顺序逐项操作。每操作完一步，应检查无误后做一个“√”记号，全部操作完毕后进行复查。

事故案例

2004年，某供电局在进行110kV高韦Ⅱ回线路停电检修恢复送电时，由于接地刀闸拉杆与拐臂焊接处在操作中断裂，操作人员未认真检查操作质量，导致接地刀闸在未与主设备触头完全断开的情况下，带接地刀闸送电的恶性误操作。

（7）监护操作时，操作人在前面，监护人在后面，操作人始终在监护人的视线范围内。操作人在操作过程中不得有任何未经监护人同意的操作行为。

（8）远方操作一次设备前，宜对现场发出提示信号，提醒现场人员远离操作设备。

（9）操作中发生疑问时，应立即停止操作并向发令人报告。待发令人再行许可后，方可进行操作。不准擅自更改操作票，不准随意解除闭锁装置。解锁工具（钥匙）应封存保管，所有操作人员和检修人员严禁擅自使用解锁工具（钥匙）。若遇特殊情况需解锁操作，应经运维管理部门防误操作装置专责人或运维管理部门指定并书面公布的人员到现场核实无误并签字后，由运维人员报告当值调控人员，方能使用解锁工具（钥匙）。单人操作时，检修人员在倒闸操作过程中禁止解锁。如需解锁，应待增派运维人员到现场后，履行上述手续后处理。解锁工具（钥匙）使用后应及时封存并做好记录。

事故案例

2013 年，某 110kV 变电站进行综自改造。运行人员执行“将 10kV Ⅰ段母线电压互感器由检修转为运行状态”的操作任务。由于变电站微机防误操作系统故障（正在报修中），在操作过程中，经变电运行班班长口头许可，监控人用万能钥匙解锁操作。运行人员未按顺序逐项唱票、复诵操作，在未拆除 1015 手车断路器后柜与Ⅰ段母线电压互感器之间一组接地线情况下，手合 1015 手车隔离开关，造成带地线合隔离开关，引起电压互感器柜弧光放电。2 号主变压器高压侧复合电压闭锁过流Ⅱ段后备保护动作，2 号主变压器三侧断路器跳闸，35kV 和 10kV 母线停电，10kV Ⅰ段母线电压互感器开关柜及两侧的 152 断路器和 154 断路器柜受损。损失负荷 33MW。

（10）电气设备操作后的位置检查应以设备实际位置为准，无法看到实际位置时，应通过间接方法，如设备机械位置指示、电气指示、带电显示装置、仪表及各种遥测、遥信等信号的变化来判断。

（11）用绝缘棒拉合隔离开关（刀闸）、高压熔断器或经传动机构拉合断路器（开关）和隔离开关（刀闸），均应戴绝缘手套；雨天操作室外高压设备时，绝缘棒应有防雨罩，还应穿绝缘靴；接地网电阻不符合要求的，晴天也应穿绝缘靴；装卸高压熔断器，应戴护目眼镜和绝缘手套，必要时使用绝缘夹钳，并站在绝缘垫或绝缘台上；雷电时，一般不进行倒闸操作，禁止在就地进行倒闸操作。

（12）电气设备停电后（包括事故停电），在未拉开有关隔离开关（刀闸）和做好安全措施前，不得触及设备或进入遮栏，以防突然来电。

（13）单人操作时不得进行登高或登杆操作。

（14）在发生人身触电事故时，可以不经许可，即行断开有关设备的电源，但事后应立即报告调度控制中心（或设备运维管理单位）和上级部门。

（15）下列各项工作可以不用操作票：

1）事故紧急处理；

2）拉合断路器（开关）的单一操作；

3）程序操作。

上述操作在完成后应做好记录，事故紧急处理应保存原始记录。

（16）同一变电站的操作票应事先连续编号，计算机生成的操作票应在正式出票前连续编号，操作票按编号顺序使用。作废的操作票，应注明“作废”字样，未执行的应注明“未执行”字样，已操作的应注明“已执行”字样。操作票应保存一年。

（17）运维人员实施不需要高压设备停电或做安全措施的

变电运维一体化业务项目时，可不使用工作票，但应以书面形式记录相应的操作和工作等内容。

各单位应明确发布所实施的变电运维一体化项目及所采取的书面记录形式。

二、变电检修试验现场安全常识

1．一般安全要求

（1）在高压设备上工作，应至少由两人进行，并完成保证安全的组织措施和技术措施。

（2）在电气设备上工作，保证安全的组织措施为：① 现场勘察制度；② 工作票制度；③ 工作许可制度；④ 工作监护制度；⑤ 工作间断、转移和终结制度。

（3）在电气设备上工作，保证安全的技术措施为：① 停电；② 验电；③ 接地；④ 悬挂标示牌和装设遮栏（围栏）。

（4）使用吊车、斗臂车进行检修、试验，工作负责人应在开工前检查吊车、斗臂车司机三证齐全并合格，并应对司机及起重人员进行现场交底和安全教育，应告知其带电部位、危险

点及安全注意事项。在设备区域内使用斗臂车时，车身应不小于 $16mm^2$ 的软铜线可靠接地。设专人监护，专人指挥。吊车、斗臂车分臂、伸臂、转向时应与带电设备保持足够的安全距离。

（5）对较大、较长物件应由两人或几人放倒搬运。搬运物件时要与带电设备保持足够的安全距离。

（6）工作许可手续完成后，工作负责人、专责监护人应向工作班成员交待工作内容、人员分工、带电部位和现场安全措施，进行危险点告知，并履行确认手续，工作班方可开始工作。工作负责人、专责监护人应始终在工作现场，对工作班人员的安全认真监护，及时纠正不安全的行为。

事故案例

2005 年，某电业局高压班和开关班对 110kV 变电站 110kV 城西线 042 断路器、避雷器、TV、电容器进行预试及断路器油试验工作。做完断路器试验，取出油样后，高压班人员将设备移到线路侧做避雷器及 TV 预试工作。此时，开关班人员发现 042 三相断路器油位偏低，需加油。在准备工作中，工作负责人上厕所

短时离开现场，一名开关班临时工走错间隔，误将正在运行的032断路器认作停电检修的042断路器，爬上断路器准备加油，刚接触到032断路器A相，发生触电，随即从032断路器A相处坠地，抢救无效死亡。

事故案例

2012年，某超高压分公司在一220kV变电站三个110kV间隔开展试验工作，一名工作人员误登带电间隔，造成电弧烧伤。事故经过：5月18日，某超高压分公司变电检修部人员在一220kV变电站按检修计划检修28114、28112、28113三个间隔断路器、电流互感器预试，热工仪表校验、隔离开关检查、保护定检工作。17时44分，在未经工作指派和工作许可的情况下，李××擅自误入带电的28101断路器间隔，造成电弧灼伤，坠落在28101断路器下部。附近工作人员闻声赶到现场，对李××进行了急救，并立即通知120急救中心。18时20分，急救车到达现场，将李××送到医院。经医院诊断，李××脸部、手臂及身体局部灼伤，高处坠落伴有身体损伤，48小时观察生命体征基本平稳。

（7）工作负责人、工作许可人任何一方不得擅自变更安全措施，工作中如有特殊情况需要变更时，应先取得对方的同意并及时恢复。

禁止工作人员越过围栏。严禁工作人员擅自移动或拆除接地线。

事故案例

2010年，某供电公司在一500kV开关站检修接地开关消缺处理工作中，一名作业人员因感应电触电死亡。事故经过：事故前500kV阳东Ⅲ线线路转检修，5041617接地刀闸在合位，50416隔离开关拉开。阳东Ⅲ线/阳东Ⅱ线5042断路器、阳东Ⅲ线5041断路器冷备用。26日下午，变电检修工区安排开关检修二班刘某为工作负责人，与其他两名工作班成员到500kV开关站执行5041断路器C相A柱法兰高压渗油消缺工作任务。工作负责人刘××在办理5041断路器消缺工作票过程中，借用5041617接地刀闸的钥匙，临时处理接地刀闸卡涩问题（因曾有人反映阳东Ⅲ线5041617线路接地刀闸有时合闸不到位）。到达现场后，刘××打开机构箱对5041617接地刀闸进行一次拉合试验，在高空作业车斗内完成B、C相接地刀闸

盘簧清洗注油工作。14 时 55 分，当刘××在高空作业车内对 A 相接地刀闸盘簧进行清洗注油工作时，地面监护人员发现刘××手中的液扳手罐突然掉落，人歪倒在车斗内，于是立即从地面操作将高空作业车斗降至地面，并对刘××进行人工呼吸和胸外按压，同时打 120，经抢救无效死亡。经分析认为：5041617 接地刀闸 A 相主地刀在拉开后未合到位，动静触头未完全接触，辅刀 SF_6灭弧装置动静触头未闭合，线路感应电传至辅助地刀根部弹簧处导致刘××触电。刘××擅自进行 5041617 接地刀闸拉合试验，并在拉合试验后未检查接地刀闸的实际状态即对其进行消缺工作。

（8）独立瓷柱式设备上工作，严禁工作人员攀爬瓷柱或将梯子靠在瓷柱上工作。应使用专用登高工具，并正确使用安全带，安全带的挂钩或绳子应挂在结实牢固的构件上，或专为挂安全带用的钢丝绳上，并应采用高挂低用的方式。禁止挂在移动或不牢固的物件上［如隔离开关（刀闸）支持绝缘子、CVT 绝缘子、母线支柱绝缘子、避雷器支柱绝缘子等］。

（9）工作人员进入 SF_6配电装置室，入口处若无 SF_6气体含量显示器，应先通风 15min，并用检漏仪测量 SF_6气体含量合格。工作人员不准在 SF_6设备防爆膜附近停留。

2. 变电检修

（1）检修设备停电，应把各方面的电源完全断开（任何运行中的星形接线设备的中性点，应视为带电设备）。禁止在只经断路器（开关）断开电源或只经换流器闭锁隔离电源的设备上工作。应拉开隔离开关（刀闸），手车开关应拉至试验或检修位置，应使各方面有一个明显的断开点，若无法观察到停电设备的断开点，应有能够反映设备运行状态的电气和机械等指示。与停电设备有关的变压器和电压互感器，应将设备各侧断开，防止向停电检修设备反送电。

检修设备和可能来电侧的断路器（开关）、隔离开关（刀闸）应断开控制电源和合闸电源，隔离开关（刀闸）操作把手应锁住，确保不会误送电。

对难以做到与电源完全断开的检修设备，可以拆除设备与电源之间的电气连接。

（2）对于可能送电至停电设备的各方面都应装设接地线或合上接地刀闸（装置），所装接地线与带电部分应考虑接地线摆动时仍符合安全距离的规定。接地线、接地刀闸与检修设备之间不得连有断路器（开关）或熔断器。若由于设备原因，接地刀闸与检修设备之间连有断路器（开关），在接地刀闸和断路器（开关）合上后，应有保证断路器（开关）不会分闸的措施。

对于因平行或邻近带电设备导致检修设备可能产生感应电压时，应加装工作接地线或使用个人保安线，加装的接地线应登录在工作票上，个人保安线由工作人员自装自拆。

（3）开关设备的储能机构检修前把所有储能部件的能量释放掉。

（4）保护、运行专业传动开关应事先征得工作负责人同意，告知检修人员后方可开始传动。

（5）在330kV及以上电压等级的变电站构架上作业，应采取防静电感应措施，如穿戴相应电压等级的全套屏蔽服（包括帽、上衣、裤子、手套、鞋等）或静电感应防护服和导电鞋等。

（6）使用软梯在软母线上工作，应将梯头封口可靠封闭，安全带应系在母线上。软梯上只准一个人工作，衣着必须灵便。对梯头封口不能可靠封闭的，必须上梯头工作时，应使用保护

绳防止梯头脱钩。

（7）更换母线瓷瓶，要选择合适且合格的起重工器具。地面作业人员不得站在瓷瓶的下方。

（8）更换引线，在引线接点拆开前，须用绳索将其捆绑。地面作业人员应躲开引线下落的区域。

（9）进行 SF_6 设备处理一般渗漏时，要戴防毒面具或正压式空气呼吸器并进行通风。

（10）SF_6 设备解体检修前，应对 SF_6 气体进行检验。根据有毒气体的含量，采取安全防护措施。检修人员需穿着防护服并根据需要佩戴防毒面具或正压式空气呼吸器。打开设备封盖后，现场所有人员应暂离现场 30min。取出吸附剂和清除粉尘时，检修人员应戴防毒面具或正压式空气呼吸器和防护手套。

设备内的 SF_6 气体不准向大气排放，应采取净化装置回收，经处理检测合格后方准再使用。回收时作业人员应站在上风侧。

SF_6 配电装置发生大量泄漏等紧急情况时，人员应迅速撤出现场，开启所有排风机进行排风。未佩戴防毒面具或正压式空气呼吸器人员禁止入内。只有经过充分的自然排风或强制排风后，人员才准进入。发生设备防爆膜破裂时，应停电处理，并用汽油或丙酮擦拭干净。

（11）电容器停电检修，接触设备前，应将电容器逐个多次放电接地后方可开始工作。

（12）手车开关工作，必须拉至试验或检修位置，应使各方面有一个明显的断开点。手车开关拉出后，隔离带电部位的挡板应可靠封闭，并设置“止步，高压危险!”的标志牌，严禁人员擅自将隔离带电部位的挡板开启。若无此挡板时，应临时采用绝缘隔板将此触头封隔，并设置“止步，高压危险!”的标志牌。

2009年，某220kV变电站进行“35kV电容器开关、流变、避雷器、电容器组及电缆预试、检修保养，闸刀检修工作”。该开关为手车开关，其中一名工作人员刘××的任务是外观检查手车轨道。刘××在柜内检查时不但对轨道进行外观检查，还试图观察静触头盒或检验活门连杆机构的功能。在用力踩踏左侧隔板活门连杆机构的同时，身体失衡。此时，隔板活门正处于开启状态，刘××右上肢深入到隔板内，造成触电死亡。

（13）变压器吊罩、吊芯，工作对关键工序、关键环节采取有针对性的控制措施。

油箱内检查应采取通风措施。套管引线拆接时，用传递绳或绝缘杆固定和传递。分相拆、接，不准失去接地线保护。

风扇检修后试运行时，人应躲开叶片松脱飞出的方向。潜油泵、风扇设备调试时，在电源侧操作把手上挂“禁止合闸，有人工作”标示牌并派人看守。

滤油、注油作业现场严禁吸烟和明火，必须用明火时应办理动火手续，并在现场备足消防器材。作业现场不得存放易燃、易爆品。

3. 变电试验

（1）雷雨天禁止试验。变电站、发电厂升压站发现有系统接地故障时，禁止进行接地网接地电阻的测量。

（2）在一个电气连接部分工作，检修和试验共用一张工作票时，在试验前应得到检修工作负责人的许可。高压试验时，不允许其他专业的人员在该设备上工作。

如加压部分与检修部分之间的断开点，按试验电压有足够的安全距离，并在另一侧有接地短路线时，可在断开点的一侧进行试验，另一侧可继续工作。但此时在断开点应挂有“止步，高压危险!”的标示牌，并设专人监护。

（3）试验装置的金属外壳应可靠接地。高压引线应尽量缩短，并采用专用的高压试验线，必要时用绝缘物支持牢固。

试验装置的电源开关，应使用明显断开的双极刀闸。为了防止误合刀闸，可在刀刃上加绝缘罩。

试验装置的低压回路中应有两个串联电源开关，并加装过载自动跳闸装置。

（4）试验现场应装设遮栏或围栏，遮栏或围栏与试验设备高压部分应有足够的安全距离，向外悬挂“止步，高压危险!”的标示牌，并派人看守。被试设备两端不在同一地点时，另一端还应派人看守。

（5）加压前应认真检查试验接线，使用规范的短路线，表计倍率、量程、调压器零位及仪表的开始状态均正确无误，经确认后，通知所有人员离开被试设备，并取得试验负责人许可，方可加压。加压过程中应有人监护并呼唱。

高压试验工作人员在全部加压过程中，应精力集中，随时警戒异常现象发生，操作人应站在绝缘垫上。

交流耐压试验时，负责升压的人要随时注意周围情况，一旦发现异常应立刻断开电源停止试验，查明原因并排除后方可继续试验。

（6）变更接线或试验结束时，应首先断开试验电源、放电，并将升压设备的高压部分放电、短路接地。

（7）未装接地线的大电容被试设备，应先行放电再做试验。高压直流试验时，每告一段落或试验结束时，应将设备对地放电数次并短路接地。

（8）测量绝缘时，应将被测设备从各方面断开，验明无电压，确实证明设备无人工作后，方可进行。在测量中禁止他人接近被测设备。

在测量绝缘前后，应将被测设备对地放电。测量线路绝缘时，应取得许可并通知对侧后方可进行。

在带电设备附近测量绝缘电阻时，测量人员和兆欧表安放位置应选择适当，保持安全距离，以免兆欧表引线或引线支持物触碰带电部分。移动引线时，应注意监护，防止工作人员触电。

事故案例

2012年，某送变电公司在扩建110kV荆同Ⅱ间隔进行电流互感器试验过程中，发生因试验人员误碰邻近带电设备被电弧灼伤事故。事故经过：2月11日，某送变电公司第四分公司电气安装人员进入某220kV变电站扩建工程现场，在完成部分一次设备安装任务后，2月20日7时30分办理好变电站第二种工作票，工作内容为“新增电容器安装、扩建2号主变压器110kV侧断路器一次设备安装、扩建110kV荆

同Ⅰ、Ⅱ线断路器间隔一次设备安装、扩建2号主变压器220kV侧断路器一次设备安装以及2号主变压器安装。”计划工作时间为2月20日7时—2月28日18时。2月26日上午，安排进行2号主变压器安装、电缆敷设、主变压器中性点电流互感器试验。查××根据现场工程进度情况，将试验人员分为2组分别进行220kV、110kV电流互感器、CVT试验，其中，查××、赵××、张××三人进行220kV、110kV电流互感器试验。12时30分，查××、赵××、张××三人进行扩建110kV荆同Ⅱ线电流互感器试验。查××负责试验操作，赵××负责试验记录，张××负责测试二次侧电流。在完成三相电流互感器变比试验后，三人准备做伏安特性试验。12时45分，查××在用绝缘杆拆除P2接线时，由于站立不稳，手持绝缘杆倒向邻近的运行管母，发生放电，查××被电弧灼伤。事故发生后，现场人员立即对查××展开紧急救护，并向110报警求助。随后赶来的120救护车将查××送往医院救治。

（9）二次回路通电或耐压试验前，应通知运行人员和有关人员，并派人到现场看守，检查二次回路及一次设备上确无人工作后，方可加压。

电压互感器的二次回路通电试验时，为防止由二次侧向一次侧反充电，除应将二次回路断开外，还应取下电压互感器高压熔断器或断开电压互感器一次隔离开关。

（10）定相试验，定相杆使用前要用兆欧表检查绝缘杆和电阻杆的绝缘状况和电阻值。严禁将电阻杆当绝缘杆使用，接好线后应仔细检查。

（11）在带电设备底部取油样前，取样必须先观察设备油位，取样时必须缓缓打开放油阀，防止跑油。

（12）进行 SF_6 设备气体采样时，要戴防毒面具或正压式空气呼吸器并进行通风。

三、二次系统现场安全常识

1. 一般安全要求

（1）工作人员在现场工作过程中，凡遇到异常情况（如直流系统接地等）或断路器（开关）跳闸、阀闭锁时，不论与本身工作是否有关，应立即停止工作，保持现状，待查明原因，确定与本工作无关时方可继续工作；若异常情况或断路器（开关）跳闸，阀闭锁是本身工作所引起，应保留现场并立即通知运维人员，以便及时处理。

（2）工作前应做好准备，了解工作地点、工作范围、一次设备及二次设备运行情况、安全措施、试验方案、上次试验记录、图纸、整定值通知单、软件修改申请单、核对控制保护设备、测控设备主机或板卡型号、版本号及跳线设置等是否齐备并符合实际，检查仪器、仪表等试验设备是否完好，核对微机保护及安全自动装置的软件版本号等是否符合实际。

（3）现场工作开始前，应检查已做的安全措施是否符合要求，运行设备和检修设备之间的隔离措施是否正确完成，工作时还应仔细核对检修设备名称，严防走错位置。

（4）在全部或部分带电的运行屏（柜）上进行工作时，应将检修设备与运行设备前后以明显的标志隔开。

可在同盘（端子箱）带电运行的设备处设“运行”标志，在相邻带电运行盘挂“运行”红布幔。在工作屏前、后放置“在此工作”绝缘垫。

（5）在继电保护装置、安全自动装置及自动化监控系统屏（柜）上或附近进行打眼等振动较大的工作时，应采取防止运行中设备误动作的措施，必要时向调控中心申请，经值班调控人员或运维负责人同意，将保护暂时停用。

（6）屏、柜等重物放置时，严禁突然施力、收力，防止屏、柜倒塌或挤压造成伤害。

（7）在继电保护、安全自动装置及自动化监控系统屏间的通道上搬运或安放试验设备时，不能阻塞通道，要与运行设备保持一定距离，防止事故处理时通道不畅，防止误碰运行设备，造成相关运行设备继电保护误动作。清扫运行设备和二次回路时，要防止振动，防止误碰，要使用绝缘工具。

（8）所有电流互感器和电压互感器的二次绕组应有一点且仅有一点永久性的、可靠的保护接地。

（9）在光纤回路工作时，应采取相应防护措施防止激光对人眼造成伤害。

（10）检验继电保护、安全自动装置、自动化监控系统和仪表的工作人员，不准对运行中的设备、信号系统、保护连接片进行操作，但在取得运维人员许可并在检修工作盘两侧开关把手上采取防误操作措施后，可拉合检修断路器（开关）。

（11）继电保护装置、安全自动装置和自动化监控系统的二次回路变动时，应按经审批后的图纸进行，无用的接线应隔离清楚，防止误拆或产生寄生回路。

现场改动图纸应履行审批手续。现场工作应按图纸进行，严禁凭记忆作为工作的依据。如发现图纸与实际接线不符时，应查线核对，如有问题，应查明原因，并按正确接线修改更正，然后记录修改理由和日期。

（12）在带电的电流互感器二次回路上工作时，应采取下列安全措施：

1）禁止将电流互感器二次侧开路（光电流互感器除外）；

2）短路电流互感器二次绕组，应使用短路片或短路线，禁止用导线缠绕；

3）在电流互感器与短路端子之间导线上进行任何工作，应有严格的安全措施，并填用“二次工作安全措施票”。必要时申请停用有关保护装置、安全自动装置或自动化监控系统。

4）工作中禁止将回路的永久接地点断开。

5）工作时，应有专人监护，使用绝缘工具，并站在绝缘垫上。

（13）在带电的电压互感器二次回路上工作时，应采取下列安全措施：

1）严格防止短路或接地。应使用绝缘工具，戴手套。必要时，工作前申请停用有关保护装置、安全自动装置或自动化监控系统；

2）接临时负载，应装有专用的刀闸和熔断器；

3）工作时应有专人监护，禁止将回路的安全接地点断开。

（14）新设备投运前，二次标识必须规范、正确。二次专业人员必须编写现场运行规程，并对运维人员进行现场培训，使其掌握新设备日常维护和操作注意事项。

事故案例

2001 年，某 110kV 变电站，110kV 离青线 164 断路器距离Ⅰ段、零序Ⅰ段动作掉闸，重合成功；母联 100 断路器充电保护压板误投，零序速断动作掉闸导致北母失电。事故原因：该站投运时间不长，未对运维人员进行 110kV 充电保护针对性培训，现场运行规程中也未对充电保护什么时候投、退做详细说明，发生充电保护错投。

（15）现场继电保护定值单执行时，保护人员、运维人员应同时签名确认。定值单执行后，及时回执整定计算人员。

（16）微机保护整定前注意对保护装置显示屏、按键、拨轮开关进行检查。核对打印定值清单所显示的定值区号应与面板定值区切换拨轮区号一致。

（17）保护连接片、切换开关必须经过试验以保证其正确性、唯一性。

事故案例

2003 年，某供电公司保护班在某 110kV 变电站进行 2 号主变压器保护传动，当进行零序过流保护传动时，将“零序过流跳本台变压器”连接片投入。因换连接片标签时发生错误（实际上该连接片不是零序过流跳本台变压器连接片，而是零序过流跳另一台变压器的连接片），保护人员又未认真核对，造成运行中的1号主变压器误动作。

（18）保护回路工作，必须打开联跳相关设备的连接片，防止误跳运行设备。

（19）进入电缆竖井内工作，工作前应先通风。

敷设电缆时，应有专人统一指挥，防止损伤电缆，防止移动运行电缆。电缆移动时，严禁用手搬动滑轮，以防压伤。在掀、盖电缆盖板时，防止砸伤人员或电缆。

在电力管道内作业，应注意不得误拉、误碰和蹬踏电力电缆，牵引通信电缆时应注意不要磨损电力电缆，以防触电。

光缆应有足够的余缆，标准：余缆为导线长度的5%，并且转角处有余缆。

2. 二次回路试验

（1）继电保护、安全自动装置及自动化监控系统做传动试验或一次通电或进行直流输电系统功能试验时，应通知运维人员和有关人员，并由工作负责人或由他指派专人到现场监视，方可进行。

（2）二次回路通电或耐压试验前，应通知运行人员和有关人员，并派人到现场看守，检查二次回路及一次设备上确无人工作后，方可加压。

电压互感器的二次回路通电试验时，为防止由二次侧向一次侧反充电，除应将二次回路断开外，还应取下电压互感器高压熔断器或断开电压互感器一次隔离开关。

直流输电系统单极运行时，禁止对停运极中性区域互感器进行注流或加压试验。

运行极的一组直流滤波器停运检修时，严禁对该组直流滤

波器内与直流极保护相关的电流互感器进行注流试验。

事故案例

1997 年，某 110kV 变电站 10kV 设备全部停电春检，电压互感器的二次回路没有断开。试验人员在二次回路通流时，向一次侧反充电，在电容器上工作的检修人员触电死亡。

（3）试验用闸刀应有熔丝并带罩，被检修设备及试验仪器禁止从运行设备上直接取试验电源，熔丝配合要适当，要防止越级熔断总电源熔丝。试验接线要经第二人复查后，方可通电。

（4）试验工作结束后，按“二次工作安全措施票”逐项恢复同运行设备有关的接线，拆除临时接线，检查装置内无异物，屏面信号及各种装置状态正常，各相关压板及切换开关位置恢复至工作许可时的状态。

（5）TA 回路试验，须将该间隔接入母差的电流回路短接，防止引起母差保护误动。

事故案例

2014 年，某检修公司更换 500kV5023 TA 后，在端子箱进行伏安特性测试时，没有短接 5023 间隔接入母差的电流回路，母差回路产生差流，导致 500kV Ⅱ 母 RCS-915E 保护装置误动作，500kV Ⅱ 母失压。

（6）测量保护连接片或其他直流回路前，应对万用表挡位、量程进行检查。

（7）凡在保护盘上进行测量、校对等工作时，必须使用专用高内阻电压表（不低于 1000Ω/V）。

四、调控现场安全常识

1. 调度现场

（1）调度人员接班前应严禁饮酒。当班时应保持良好的精神状态，不做与工作无关的事情。

（2）时刻关注重载线路、变压器潮流，及时调整负荷和运行方式，确保在安全电流内运行。

（3）恶劣天气时提前控制相关重载线路及变压器潮流。

（4）待用间隔（母线连接排、引线已接上母线的备用间隔）应有名称、编号，并列入调度管辖范围。

（5）应严格执行工作许可制度，严禁“约时”停送电，不得越级许可工作。

线路停电检修，工作许可人应在线路可能受电的各方面（含变电站、发电厂、环网线路、分支线路、用户线路等和配合停电的线路）都已停电，并挂好操作接地线后，方能发出许可工作的命令。

值班调控人员在向工作负责人发出许可工作的命令前，应将工作班组名称、数目、工作负责人姓名、工作地点和工作任

务做好记录。

值班调控人员在接到所有工作负责人（包括用户）的完工报告，并确认全部工作已经完毕，所有工作人员已由线路上撤离，接地线已经全部拆除，与记录核对无误并作好记录后，方可下令拆除各侧安全措施，向线路恢复送电。

（6）尽量避开负荷高峰时段操作；尽量避免恶劣天气条件下操作；雷雨天气禁止进行就地操作。

（7）调度员下达调度指令须有人监护。

事故案例

2004年，某供电局甲值调度人员接到供电所工作任务申请：处理110kV红田Ⅱ线与下线10kV线路距离不够缺陷。工作内容：降低10kV沙旧支线49~50号导线弧垂，要求将110kV红田Ⅱ线由运行转为检修状态。许可工作后，甲值下班。17∶30，乙值调度人员接班后，主值黄××安排副值刘××填写110kV红田Ⅱ线送电的调度操作指令票，并交代了最终运行方式。刘××填写好调度操作指令票后，黄××未认真审核，没有发现指令票漏项（未拆除110kV红田Ⅱ线线路侧接地线一组）。18∶01，线路工作负责人汇报工作结束，可以送电。18∶12分，刘××向变电站和铁路调度下达调度命令，进行110kV红田Ⅱ线送电操作。在操作过程中，主值黄××未认真履行监护职责，也未及时发现操作漏项。待刘××发出送电命令后，黄××感觉有疑问，才开始询问变电站，但为时已晚，已经造成变电站带地线合闸送电的恶性误操作事故。

（8）倒闸操作应根据值班调控人员或运维值班负责人的指令，受令人复诵无误后执行。发布指令应准确、清晰，使用规范的调度术语和设备双重名称，即设备名称和编号。发令人和受令人应先互报单位和姓名，发布指令的全过程（包括对方复诵指令）和听取指令的报告时应录音并作好记录。操作人员（包括监护人）应了解操作目的和操作顺序。对指令有疑问时应向发令人询问清楚无误后执行。发令人、受令人、操作人员（包括监护人）均应具备相应资质。

（9）操作中发生疑问时，应立即停止操作并向发令人报告。待发令人再行许可后，方可进行操作。不准擅自更改操作票，不准随意解除闭锁装置。

（10）在发生人身触电事故时，可以不经许可，即行断开有关设备的电源，但事后应立即报告调度控制中心（或设备运维管理单位）和上级部门。

（11）交接班要求：交班值向接班值详细说明当前系统运行方式、机组运行情况、检修设备、系统负荷、计划工作、运行原则、正在进行的电气操作、事故处理进程、存在的问题等内容及其他重点事项，交接班由交班值值长主持进行，同值调控人员可进行补充。交班值须待接班值全体人员没有疑问后，方可进行交接班签字。

事故案例

1982年，某供电局一回110kV线路停电更换架空地线和零值绝缘子，为了保证检修人员的安全，将与该线交叉跨越的一回10kV线路停电，而该10kV线路T接在另一回10kV线路上。借此停电机会，另一回10kV线路上也安排了维护班处理缺陷。这次停电工作是以110kV线路工作及所跨越的10kV线路为主，另一回10kV线路的消缺是配合性工作，而供电局调度员在交接班时未认真执行交接班制度，调度员陈某

在接班后对线路情况不了解，又不查阅有关记录，也不看检修停电计划、不看工作票，当进行配合性工作的另一回10kV线路上的消缺工作报告终结后，调度员陈某即下令恢复送电，致使在110kV线路所跨越的10kV线路上8名修复磨断导线的工人都触电倒地。

2. 监控现场

（1）时刻监视系统电压，当出现电压超出合格范围的时候，及时调整无功功率，在短时间内恢复系统电压至合格范围内。

（2）对监控信息进行24小时不间断监视，及时发现异常和缺陷，必要时通知操作队运维人员到现场检查。

事故案例

2010年，某110kV变电站35kV系统单相接地，监控机上发“$3U_0$越限”报文，同时“35kV系统接地”光字牌亮。监控值班员没有及时发现，导致35kV一组TV绝缘击穿损坏。

（3）接地拉路、限电，应按照有关部门事先下达的“序位表”进行，不得随意拉闸限电。

（4）操作队运维人员在现场进行倒闸操作、设备例行切换（例如站变、直流、UPS电源切换）、设备传动等工作，应提前告知监控人员。

（5）监控人员进行遥控操作时，应由两人进行，一人监护，一人操作。操作前须认真核对监控画面无误，遥控设备名称、编号正确，防止误遥控。

若有可靠的确认和自动记录手段，监控人员可实行单人操作。实行单人操作的设备、项目及人员需经调控中心批准，人员应通过专项考核。

事故案例

2013年，甲变电站10kV分段500断路器更换，调控中心值班员在进行遥控试验时，打开乙变电站监控画面，恰巧乙站的10kV分段断路器编号也是500，误将乙站运行的10kV分段500断路器拉开。

（6）新设备投运前，监控人员进行断路器遥控复校验收时，运维单位应指派现场工作负责人配合。遥控验收时现场应完成相应的安全措施，监控验收人员应听从现场负责人指挥。

（7）出现以下情形，监控人员应将相应的监控职责临时移交运维单位：

1）变电站站端监控系统异常，监控数据无法正确上送调控中心；

2）调控中心监控系统异常，无法正常监视变电站运行情况；

3）变电站与调控中心通信通道异常，监控数据无法上送调控中心；

4）变电站设备检修或者异常，频发告警信息影响正常监控功能；

5）其他原因造成监控人员无法对变电站进行正常监视。

五、输配电线路现场安全常识

1. 一般安全要求

（1）在输配电线路上工作，保证安全的组织措施：现场勘

察制度；工作票制度；工作许可制度；工作监护制度；工作间断制度；工作终结和恢复送电制度。

（2）在输配电线路上工作，保证安全的技术措施：停电；验电；接地；使用个人保安线；悬挂标示牌和装设遮栏（围栏）。

（3）进行线路停电作业前，应做好下列安全措施：

1）断开发电厂、变电站、换流站、开关站、配电站（所）（包括用户设备）等线路断路器（开关）和隔离开关（刀闸）；

2）断开线路上需要操作的各端（含分支）断路器（开关）、隔离开关（刀闸）和熔断器；

3）断开危及线路停电作业，且不能采取相应安全措施的交叉跨越、平行和同杆架设线路（包括用户线路）的断路器（开关）、隔离开关（刀闸）和熔断器；

4）断开有可能返回低压电源的断路器（开关）、隔离开关（刀闸）和熔断器。

（4）在停电线路工作地段装接地线前，应使用相应电压等级、合格的接触式验电器验明线路确无电压。

（5）各工作班工作地段各端和工作地段内有可能送电的各分支线（包括用户）都要接地。

（6）完成工作许可手续后，工作负责人、专责监护人应向工作班成员交待工作内容、人员分工、带电部位和现场安全措施、进行危险点告知，并履行确认手续，装完工作接地线后，工作班方可开始工作。工作负责人、专责监护人应始终在工作现场，对工作班人员的安全进行认真监护，及时纠正不安全的行为。

（7）在城区、人口密集区地段或交通道口和通行道路上施工时，工作场所周围应装设遮栏（围栏），并在相应部位装设标示牌。必要时，派专人看管。

（8）禁止作业人员擅自变更工作票中指定的接地线位置。如需变更应由工作负责人征得工作票签发人同意，并在工作票上注明变更情况。

（9）工作地段如有邻近、平行、交叉跨越及同杆塔架设线路，为防止停电检修线路上感应电压伤人，在需要接触或接近导线工作时，应使用个人保安线。

个人保安线应在杆塔上接触或接近导线的作业开始前挂接，作业结束脱离导线后拆除。个人保安线由作业人员负责自行装、拆。

事故案例

2004 年某供电所进行事故抢修时，施工的 641 线路跨越 0.4kV 低压农排线，施工人员在未对农排线采取任何安全措施的情况下，施工放线、紧线均直接在农排线上交叉接触进行，并且放线、紧线时未采用专用牵引机具，而是采用人工徒手强拉硬拖的野蛮施工手段。当未停电的农排线上的绝缘部分被磨破后，造成施工导线带电，致使 3 名徒手牵引者触电死亡。

（10）完工后，工作负责人（包括小组负责人）应检查线路检修地段的状况，确认在杆塔上、导线上、绝缘子串上及其他辅助设备上没有遗留的个人保安线、工具、材料等，查明全部工作人员确由杆塔上撤下后，再命令拆除工作地段所挂的接地线。接地线拆除后，应即认为线路带电，不准任何人再登杆进行工作。

多个小组工作，工作负责人应得到所有小组负责人工作结束的汇报后，才能向工作许可人报告工作终结。

事故案例

2014 年，某 220kV 进行改造工作结束后，电科院人员测试线路参数，发现线路有接地，不具备测参数和送电条件。该线路全长 80 多公里，且处山区，施工队经过两天的登杆检查，发现多处由施工人员自行制作的简易保安线未拆除。延迟送电 50 余小时。

2. 线路巡视

（1）巡线工作应由有电力线路工作经验的人员担任。单独巡线人员应考试合格并经工区（公司、所）分管生产领导批准。电缆隧道、偏僻山区和夜间巡线应由两人进行。汛期、暑天、雪天等恶劣天气巡线，必要时由两人进行。单人巡线时，禁止攀登电杆和铁塔。

（2）正常巡线应穿绝缘鞋；雷雨、大风天气或事故巡线，巡视人员应穿绝缘鞋或绝缘靴；汛期、暑天、雪天等恶劣天气和山区巡线应配备必要的防护用具、自救器具和药品；夜间巡线应携带足够的照明工具。

（3）夜间巡线应沿线路外侧进行；大风时，巡线应沿线路上风侧前进，以免万一触及断落的导线；特殊巡视应注意选择路线，防止洪水、塌方、恶劣天气等对人的伤害。巡线时禁止泅渡。

（4）事故巡线应始终认为线路带电。即使明知该线路已停电，亦应认为线路随时有恢复送电的可能。

（5）巡线人员发现导线、电缆断落地面或悬挂空中，应设法防止行人靠近断线地点 8m 以内，以免跨步电压伤人，并迅速报告调控人员和上级，等候处理。

3. 砍剪树木

（1）在线路带电情况下，砍剪靠近线路的树木时，工作负责人应在工作开始前，向全体人员说明：电力线路有电，人员、树木、绳索应与导线保持足够的安全距离。

（2）砍剪树木时，应防止马蜂等昆虫或动物伤人。上树时，不应攀抓脆弱和枯死的树枝，并使用安全带。安全带不准系在待砍剪树枝的断口附近或以上。不应攀登已经锯过或砍过的未断树木。

（3）砍剪树木应有专人监护。待砍剪的树木下面和倒树范围内不准有人逗留，城区、人口密集区应设置围栏，防止砸伤行人。为防止树木（树枝）倒落在导线上，应设法用绳索将其拉向与导线相反的方向。绳索应有足够的长度和强度，以免拉绳的人员被倒落的树木砸伤。砍剪山坡树木应做好防止树木向下弹跳接近导线的措施。

（4）树枝接触或接近高压带电导线时，应将高压线路停电或用绝缘工具使树枝远离带电导线至安全距离。此前禁止人体接触树木。

（5）风力超过5级时，禁止砍剪高出或接近导线的树木。

（6）使用油锯或电锯的作业，应由熟悉机械性能和操作方法的人员操作。使用时，应先检查所锯到的范围内无铁钉等金属物件，以防金属物体飞出伤人。

4. 邻近带电导线工作

（1）在带电杆塔上进行测量、防腐、巡视检查、紧杆塔螺栓、清除杆塔上异物等工作，作业人员活动范围及其所携带的工具、材料等，与带电导线最小距离满足安全要求。

（2）在10kV及以下的带电杆塔上进行工作，工作人员距最下层带电导线垂直距离不准小于0.7m。

（3）同杆塔架设的多回线路中部分线路停电检修，应在工作人员对带电导线最小距离满足规定的安全距离时，才能进行。

禁止在有同杆架设的10（20）kV及以下线路带电情况下，进行另一回线路的停电施工作业。

（4）作业人员登杆塔前应核对停电检修线路的识别标记和线路名称、杆号无误后，方可攀登。登杆塔至横担处时，应再次核对停电线路的识别标记与双重称号，确实无误后方可进入停电线路侧横担。

在杆塔上进行工作时，不准进入带电侧的横担，或在该侧横担上放置任何物件。

事故案例

2005年，某供电局线路检修班进行110kV孙鸡东线线路检修，与110kV孙鸡东1~14号塔同杆架设的110kV孙鸡西线带电。工作人员熊××从停电线路侧D腿脚钉登塔，由下层往上层工作。熊××工作完毕后，汇报监护人王××“我已工作完。”王某回答“好。”王××没有监护熊××下塔，从背包中拿出“标准作业指导书”，开始检查杆塔基础。正在检查A腿接地线时，听到放电声，抬头看见熊××倒在未停电的孙鸡西线中相横担上，身上已着火。救下时熊××已经死亡。

（5）在330kV及以上电压等级的带电线路杆塔上作业，应采取防静电感应措施，如穿戴相应电压等级的全套屏蔽服（包括帽、上衣、裤子、手套、鞋等）或静电感应防护服和导电鞋等（220线路杆塔上作业时宜穿导电鞋）。

（6）绝缘架空地线应视为带电体。作业人员与绝缘架空地线之间的距离不应小于0.4m（1000kV为0.6m）。如需在绝缘架空地线上作业时，应用接地线或个人保安线将其可靠接地或采用等电位方式进行。

5. 杆塔上作业

（1）攀登杆塔作业前，应先检查根部、基础和拉线是否牢固。新立杆塔在杆基未完全牢固或做好临时拉线前，禁止攀登。遇有冲刷、起土、上拔或导地线、拉线松动的杆塔，应先培土加固，打好临时拉线或支好架杆后，再行登杆。

事故案例

2001 年，某供电局由于未打拉线，人员冒险作业强行登杆，倒杆造成 2 人死亡事故。事故经过：8 月 14 日，因原 110kV 渭三线路（1990 年 11 月报废）近期多次、多处严重被盗，已危及沿线群众安全，送电工区安排拆除该线路 26~31 号耐张段残留旧导线。8 月 10 日，检修技术人员刘××带领毕××等三人勘察工作现场，当时 26~31 号杆东侧一相导线被盗，随后制定了工作方案。8 月 14 日，带电二班班长（现场总指挥）毕××带领 4 名班员在 28 号直线杆进行拆旧工作。10 时 40 分到达工地后，发现该线 28~31 号杆剩余 2 根导线又被盗，27~28 号杆西边两根导线仍在，28 号杆向西南稍有扭斜，毕××让杨××与侯××上杆工作。杨准备上杆，侯××提出异议，认为 28~29 号杆之间已无导线，上杆工作安全无保证，要求打拉线后再上。毕××又让严××上杆，严××亦不从，王××（班安全员）也给毕××说“要打拉线，不打拉线太危险”，毕××不听劝告，负气自己登上杆塔东侧进行工作，毕××很快拆除了该杆东边的架空地线线夹、防震锤后，10 时 50 分左右，毕××拟拆除西侧协助杨××拆防震锤，该杆突然向南侧倾倒，两人随杆倒下，立即送往医院，抢救无效死亡。

事故案例

2006 年，某供电局在拆除 35kV 架空线路导线时，因拉线棒锈蚀断开发生倒杆，造成 1 人死亡事故。事故经过：拆除35kV架空线路导线（该线路架设于1979年，2000年退役，线路全长2.2km，共13基水泥杆，导线LGJ-70，拉线棒锈蚀严重），线路的三相导线拆除已完成，在拆除架空地线时，11号杆（ZS4-3型直线等径水泥杆，电杆高21m，共4根拉棒，8根拉线）上作业的陈××将架空地线拆离后放至横担时，11号杆的西南侧拉线棒、西北侧拉线棒突然断开，电杆向东面倾倒，陈××随杆落地（安全带、后备保护绳系在杆上），受伤严重，抢救无效死亡。

（2）登杆塔前，应先检查登高工具、设施，如：脚扣、升降板、安全带、梯子和脚钉、爬梯、防坠装置等是否完整牢靠。禁止携带器材登杆或在杆塔上移位。禁止利用绳索、拉线上下杆塔或顺杆下滑。攀登有覆冰、积雪的杆塔时，应采取防滑措施。

上横担进行工作前，应检查横担联结是否牢固和腐蚀情况，检查时安全带（绳）应系在主杆或牢固的构件上。

（3）作业人员攀登杆塔、杆塔上转位及杆塔上作业时，手扶的构件应牢固，不准失去安全保护，并防止安全带从杆顶脱出或被锋利物损坏。

事故案例

1991年7月，某电业局在更换220kV线路绝缘子时，工作人员用的是未带保险绳的安全带，而且将安全带系挂在导线上，当将导线提起并固定好拉绳，工作人员将绝缘子串与导线连接的金具摘脱时，悬挂

滑车的蚕丝绳被横担斜材加强板上的毛刺割断，导线落在叉梁上又被弹起，这时安全带联结环变形脱开，工作人员从 17.3m 处掉下，造成双腿骨折。

（4）在杆塔上作业时，应使用有后备绳或速差自锁器的双控背带式安全带，当后备保护绳超过 3m 应使用缓冲器。安全带和保护绳应分挂在杆塔不同部位的牢固构件上。后备保护绳不准对接使用。

（5）杆塔作业应使用工具袋，较大的工具应固定在牢固的构件上，不准随便乱放。上下传递物件应用绳索拴牢传递，禁止上下抛掷。

（6）在杆塔上作业，工作点下方应按坠落半径设围栏或其他保护措施。

（7）杆塔上下无法避免垂直交叉作业时，应做好防落物伤人的措施，作业时要相互照应，密切配合。

（8）在杆塔上水平使用梯子或临时工作平台，应将两端与固定物可靠连接，一般应由一人在其上工作。

（9）雷电时，禁止线路杆塔上作业。

（10）进行直接接触 20kV 及以下电压等级带电设备的作业时，应穿着合格的绝缘防护用具（绝缘服或绝缘披肩、绝缘手套、绝缘鞋）；使用的安全带、安全帽也应有良好的绝缘性能，必要时戴护目镜。使用前应对绝缘防护用具进行外观检查。作业过程中禁止摘下绝缘防护用具。

事故案例

2010 年，某供电公司对 10kV 平疃线带电处理缺陷时，因违章作业造成一名作业人员触电死亡。事故经过：10 月 13 日下午，某供电公司供电所运行人员向带电班长王××报 10kV 平瞳线 34 支 10 号杆设备危急缺陷。该缺陷为 10kV 平瞳线 34 支 10 号杆中相立铁因紧固螺母脱落，螺栓脱出，中相立铁和绝缘子及导线向东边相倾斜，中相绝缘子搭在东边相绝缘子上，中相绝缘子瓷裙损坏；中相导线距东边相导线约为 20cm。带电班班长安排班内人员于次日进行带电消缺。14 日 9 时 40 分，工作负责人李××带领带电作业人员樊××、刘××、陈××和赵××到达现场处理设备缺陷。到达现场后，工作负责人针对现场工作环境和设备缺陷情况，制定了施工方案和作业步骤。工作负责人填写了电力线路施工应急抢修单。工作开始，陈××、樊××穿戴好安全防护用具进入绝缘斗内，由陈××绝缘杆将倾斜的中相导线推开，樊××对中相导线放电线夹做绝缘防护后，陈××继续用绝缘杆推动导线，将中相立铁推至抱箍凸槽正面，由樊××安装、紧固立铁上侧螺母。10 时 20 分，樊××在安装中相立铁上侧螺母时，因螺栓在抱箍凸槽内，戴绝缘手套无法顶出螺栓，便擅自摘下双手绝缘手套作业，左手拿着螺母靠近中相立铁，举起右手时，与遮蔽不严的放电线夹放电，造成触电，抢救无效死亡。

6. 电力电缆工作

（1）工作前应详细核对电缆标志牌的名称与工作票所填写的相符，安全措施正确可靠后，方可开始工作。

（2）电缆直埋敷设施工前应先查清图纸，再开挖足够数量的样洞和样沟，摸清地下管线分布情况，以确定电缆敷设位置

及确保不损坏运行电缆和其他地下管线。

（3）为防止损伤运行电缆或其他地下管线设施，在城市道路红线范围内不应使用大型机械来开挖沟槽。

（4）开断电缆以前，应与电缆走向图图纸核对相符，并使用专用仪器（如感应法）确切证实电缆无电后，用接地的带绝缘柄的铁钎钉入电缆芯后，方可工作。

（5）开启电缆井井盖、电缆沟盖板及电缆隧道人孔盖时应使用专用工具，同时注意所立位置，以免坠落。开启后应设置标准路栏围起，并有人看守。工作人员撤离电缆井或隧道后，应立即将井盖盖好。

（6）电缆井内工作时，禁止只打开一只井盖（单眼井除外）。进入电缆井、电缆隧道前，应先用吹风机排除浊气，再用气体检测仪检查井内或隧道内的易燃易爆及有毒气体的含量是否超标，并做好记录。电缆沟的盖板开启后，应自然通风一段时间，经测试合格后方可下井工作。电缆井、隧道内工作时，通风设备应保持常开，以保证空气流通。在通风条件不良的电缆隧（沟）道内进行长时间巡视或维护时，工作人员应携带便携式有害气体测试仪及自救呼吸器。

（7）不准在带电导线、电缆隧道、沟洞内对火炉或喷灯加油及点火。

（8）制作环氧树脂电缆头和调配环氧树脂工作过程中，应采取有效的防毒和防火措施。

7. 电力电缆试验

（1）电力电缆试验要拆除接地线时，应征得工作许可人的许可（根据调度员命令装设的接地线，应征得调度员的许可），方可进行。工作完毕后立即恢复。

（2）电缆耐压试验前，加压端应做好安全措施，防止人员误入试验场所。另一端应设置围栏并挂上警告牌。如另一端是上杆的或是锯断电缆处，应派人看守。

（3）电缆耐压试验前，应先对设备充分放电。

（4）电缆的试验过程中，更换试验引线时，应先对设备充分放电。作业人员应戴好绝缘手套。

（5）电缆耐压试验分相进行时，另两相电缆应接地。

（6）电缆试验结束，应对被试电缆进行充分放电，并在被试电缆上加装临时接地线，待电缆尾线接通后才可拆除。

（7）电缆故障声测定点时，禁止直接用手触摸电缆外皮或冒烟小洞，以免触电。

六、基建现场安全常识

（一）电气设备安装

1. 油浸变压器、电抗器、互感器安装

（1）充氮变压器、电抗器未经充分排氮（其气体含氧密度≤18%），严禁施工人员入内。充氮变压器注油排氮时，任何人不得在排气孔处停留。

（2）变压器、电抗器吊罩检查时，应移开外罩并放置干净垫木上，再开始芯部检查工作。吊罩时四周均应设专人监护，外罩不得碰及芯部任何部位。

（3）进行变压器、电抗器内部检查时，通风和照明应良好，并设专人监护；施工人员应使用专用防护用品，带入的工具应拴绳、登记、清点，严防工具及杂物遗留在器身内。

（4）储油和油处理设备应可靠接地，防止静电火花；现场应配备足够可靠的消防器材，并制定明确的消防责任制，场地应平整、清洁，10m 范围内不得有火种及易燃易爆物品。

（5）变压器附件有缺陷需要进行焊接处理时，应放尽残油，除净表面油污，运至安全地点后进行。

（6）变压器引线焊接不良需在现场进行补焊时，应采取绝

热和隔离等防火措施。

（7）对已充油的变压器、电抗器的微小渗漏允许补焊，但应遵守下列规定：

1）变压器、电抗器的顶部应有开启的孔洞，保持油呼吸系统畅通；

2）焊接部位应在油面以下；

3）应采用断续的电焊，严禁火焊；

4）焊点周围油污应清理干净；

5）应有妥善的安全防火措施，并向全体参加人员进行安全技术交底。

（8）储油罐应可靠接地，防止静电产生火花。

2. 断路器、隔离开关及组合电器

（1）在下列情况下不得搬运开关设备：

1）隔离开关、闸刀型开关的刀闸处在活动位置时；

2）断路器、气动低压断路器、传动装置以及有退回弹簧或自动释放的开关，在合闸位置和未锁好时。

（2）在调整、检修断路器设备及传动装置时，应有防止断路器意外脱扣伤人的可靠措施，施工人员应避开断路器可动部分的动作空间。

（3）对于液压、气动及弹簧操作机构，严禁在有压力或弹簧储能的状态下进行拆装或检修工作。

（4）在调整断路器、隔离开关及安装引线时，严禁攀登套管绝缘子。

（5）断路器、隔离开关安装时，在隔离刀刃及动触头横梁范围内不得有人工作。必要时应在开关设备可靠闭锁后方可进行工作。

（6）六氟化硫（SF_6）组合电器安装过程中的临时支撑应牢固。

（7）对六氟化硫（SF_6）断路器、组合电器进行充气时，其容器及管道应干燥，施工人员应戴手套和口罩，并站在上风口。

3. 母线安装

（1）新架设的导线与带电母线靠近或平行时，新架设的母线应可靠接地，并保持安全距离。安全距离不够时应采取隔离措施。在此类母线上工作时，应在工作地点母线上再挂临时地线。

（2）母线架设前应检查金具是否符合要求，构架应验收合格。

（3）放线应统一指挥，线盘应架设平稳。导线应由盘的下方引出。放线人员不得站在线盘的前面。当放到线盘上的最后几圈时，应采取措施防止导线突然蹦出。

（4）在挂线时，导线下方及转向滑轮内侧不得有人站立或行走。

（5）切割导线前，应将切割处的两侧扎紧并固定好，防止导线割断后散开或弹起。

（6）软母线引下线与设备连接前应进行临时固定，不得任意悬空摆动。

（7）压接软母线用的油压机的压力表应完好。液压泵的操作者应位于压钳作用力方向侧面进行观察，防止超压损坏机械，所有连接部位应经常检查连接状态，如发现有不良现象应消除后再进行工作。

（8）绝缘子及母线不得作为施工时吊装承重的支持点。

（9）大型支持型铝管母线宜采用吊车多点吊装，制定安全技术措施。施工人员严禁登上支持绝缘子。

4. 其他电气设备安装

（1）远控设备的调整应有可靠的通信联络。

（2）所有转动机械的电气回路应经操作试验，确认控制、保护、测量、信号回路无误后方可启动。转动机械在初次启动时就地应有紧急停车设施。

（3）干燥电气设备或元件，均应控制其温度。干燥场地不得有易燃物，并配备消防设施。

（4）严禁在阀型避雷器上攀登或进行工作。

（5）吊装瓷套（棒）电器时应使用尼龙吊带，安装时若有交叉作业应自上而下进行。

（6）电力电容器试验完毕应经过放电才能安装，已运行的电容器组需检修或扩建新电容器组增加容量时，对已运行的电容器组也应放电才能工作。

（7）10kV 及以上电压的变电所（配电室）中进行扩建时，已就位的设备及母线应接地或屏蔽接地。

5. 盘、柜安装

（1）盘柜就位要防止倾倒伤人和损坏设备，撬动就位时应有足够人力，并统一指挥。狭窄处应防止挤伤。

（2）盘底加垫时不得将手伸入盘底，单面盘并列安装应防止靠盘时挤伤手。

（3）盘在安装固定好以前，应有防止倾倒的措施，特别是重心偏在一侧的盘。扩建站与运行盘柜相连固定时，不得敲打盘柜。

（4）在盘上安装设备时应有专人扶持。

（5）在墙上安装操作箱及其他较重的设备时，应做好临时支撑，待确实固定好后方可拆除该支撑。

（6）动力盘、控制盘、保护盘内的各式熔断器，凡直立布置者应上口接电源，下口接负荷。

（7）在已运行或已装仪表的盘上补充开孔前应编制施工措施，开孔时应防止铁屑散落到其他设备及端子上。对邻近由于震动可引起误动的保护应申请临时退出运行。

（8）在部分带电的盘上工作时应遵守下列规定：

1）应了解盘内带电系统的情况；

2）应穿工作服、戴工作帽、穿绝缘鞋并站在绝缘垫上；

3）工具手柄应绝缘良好；

4）应设专人监护。

（9）施工区周围的孔洞应采取措施可靠的遮盖，防止人员摔伤。

（二）线路施工

1. 坑洞开挖与爆破

（1）挖坑前，应与有关地下管道、电缆等地下设施的主管单位取得联系，明确地下设施的确切位置，做好防护措施。组织外来人员施工时，应将安全注意事项交待清楚，并加强监护。

（2）挖坑时，应及时清除坑口附近浮土、石块，坑边，禁止外人逗留。在超过1.5m深的基坑内作业时，向坑外抛掷土石应防止土石回落坑内，并做好临边防护措施。作业人员不准在坑内休息。

（3）在土质松软处挖坑，应有防止塌方措施，如加挡板、撑木等。不准站在挡板、撑木上传递土石或放置传土工具。禁止由下部掏挖土层。

（4）在下水道、煤气管线、潮湿地、垃圾堆或有腐质物等附近挖坑时，应设监护人。在挖深超过2m的坑内工作时，应采取如戴防毒面具、向坑中送风等安全措施。监护人应密切注意挖坑人员，防止煤气、沼气等有毒气体中毒。

（5）在居民区及交通道路附近开挖的基坑，应设坑盖或可靠遮栏，加挂警告标示牌，夜间挂红灯。

（6）塔脚检查，在不影响铁塔稳定的情况下，可以在对角线的两个塔脚同时挖坑。

（7）进行石坑、冻土坑打眼或打桩时，应检查锤把、锤头及钢钎。作业人员应戴安全帽。扶钎人应站在打锤人侧面。打锤人不准戴手套。钎头有开花现象时，应及时修理或更换。

（8）变压器台架的木杆打帮桩时，相邻两杆不准同时挖坑。承力杆打帮桩挖坑时，应采取防止倒杆的措施。使用铁钎时，注意上方导线。

（9）线路施工需要进行爆破作业应遵守《民用爆炸物品安全管理条例》等国家有关规定。

2. 杆塔施工

（1）立、撤杆应设专人统一指挥。开工前，要交待施工方法、指挥信号和安全组织、技术措施，工作人员要明确分工、密切配合、服从指挥。在居民区和交通道路附近立、撤杆时，应具备相应的交通组织方案，并设警戒范围或警告标志，必要时派专人看守。

（2）立、撤杆要使用合格的起重设备，禁止过载使用。

（3）立、撤杆塔过程中基坑内禁止有人工作。除指挥人及指定人员外，其他人员应在处于杆塔高度的1.2倍距离以外。

（4）立杆及修整杆坑时，应有防止杆身倾斜、滚动的措施，如采用拉绳和叉杆控制等。

（5）顶杆及叉杆只能用于竖立8m以下的拔销杆，不准用铁锹、桩柱等代用。立杆前，应开好“马道”。工作人员要均匀地分配在电杆的两侧。

（6）利用已有杆塔立、撤杆，应先检查杆塔根部及拉线和杆塔的强度，必要时增设临时拉线或其他补强措施。

（7）使用吊车立、撤杆时，钢丝绳套应挂在电杆的适当位置以防止电杆突然倾倒。吊重和吊车位置应选择适当，吊钩口应封好。应有防止吊车下沉、倾斜的措施。起、落时应注意周围环境。撤杆时，应先检查有无卡盘或障碍物并试拔。

（8）使用抱杆立、撤杆时，主牵引绳、尾绳、杆塔中心及抱杆顶应在一条直线上。抱杆下部应固定牢固，抱杆顶部应设临时拉线控制，临时拉线应均匀调节并由有经验的人员控制。抱杆应受力均匀，两侧拉绳应拉好，不准左右倾斜。固定临时拉线时，不准固定在有可能移动的物体上，或其他不牢固的物体上。

事故案例

2005 年，某送变电建设公司在一 500kV 输电线路工程 N2058 塔的组塔过程中，由于超重起吊，造成 2 人死亡、1 人重伤、2 人轻伤。事故经过：7 月 23 日，送变电建设公司项目部第三施工队队长甘××与现场施工安全负责人陈××带领 23 名施工人员进行 N2058 塔（ZB63A-30）组立施工，采用悬浮式内拉抱杆分解组立铁塔方式，当日主要工作是起吊横担（横担根开长度 14. 5m，曲臂裤叉高度 17m），上午主要工作是升抱杆并将抱杆调整到位，另用两根直径 15mm 钢丝绳打好落地“八”字拉线。做好起吊准备工作后，下午 13 时 10 分，开始起吊横担，于 13 时 40 分铁塔横担起吊到位，绞磨停止牵引，控制绳调整到位后固定好。指挥员叫地面人员固定好所有控制风绳并保持稳定，然后高空作业人员从地面到高空进位组装，在高空人员黄××、何××、阿××和吉××四名高空人员陆续到达指定位置并系好安全带，张××到达指定位置正准备系安全带，邹××开始向上登塔。13 时 50 分，风力突然变大，超过 6 级，横担控制风绳受力增加，左侧控制风绳连接缠绕固定的铁桩因受力过大，突然上拔，拉控制风绳的地面人员无法拉住左侧控制

绳，风绳失去控制，快速飞出，吊件铁塔横担左侧迅速向大号侧螺旋摆动，快速冲击上曲臂，使抱杆向大号侧快速倾斜，抱杆也随之倾倒，张××由于未系好安全带当即从空中坠落，黄××、何××、阿××、吉××四名高空作业人员随曲臂坠落，邹××无伤害。张××、吉×× 抢救无效死亡，黄××重伤，何××、阿××轻伤。

（9）整体立、撤杆塔前应进行全面检查，各受力、连接部位全部合格方可起吊。立、撤杆塔过程中，吊件垂直下方、受力钢丝绳的内角侧禁止有人。杆顶起立离地约 0.8m 时，应对杆塔进行一次冲击试验，对各受力点处作一次全面检查，确无问题，再继续起立；杆塔起立 70°后，应减缓速度，注意各侧拉线；起立至 80°时，停止牵引，用临时拉线调整杆塔。

（10）牵引时，不准利用树木或外露岩石作受力桩。一个锚桩上的临时拉线不准超过两根，临时拉线不准固定在有可能移动或其他不可靠的物体上。临时拉线绑扎工作应由有经验的人员担任。临时拉线应在永久拉线全部安装完毕承力后方可拆除。

（11）杆塔分段吊装时，上下段连接牢固后，方可继续进行吊装工作。分段分片吊装时，应将各主要受力材连接牢固后，方可继续施工。

（12）杆塔分解组立时，塔片就位时应先低侧、后高侧。主材和侧面大斜材未全部连接牢固前，不准在吊件上作业。提升抱杆时应逐节提升，禁止提升过高。单面吊装时，抱杆倾斜不宜超过 15°；双面吊装时，抱杆两侧的荷重、提升速度及摇臂的变幅角度应基本一致。

（13）在带电设备附近进行立撤杆工作，杆塔、拉线与临时拉线应与带电设备保持规定的安全距离，且有防止立、撤杆过程中拉线跳动和杆塔倾斜接近带电导线的措施。

（14）已经立起的杆塔，回填夯实后方可撤去拉绳及叉杆。回填土块直径应不大于 30mm，回填应按规定分层夯实。基础未完全夯实牢固和拉线杆塔在拉线未制作完成前，禁止攀登。

杆塔施工中不宜用临时拉线过夜。需要过夜时，应对临时拉线采取加固措施。

（15）检修杆塔不准随意拆除受力构件，如需要拆除时，应事先做好补强措施。调整杆塔倾斜、弯曲、拉线受力不均或迈步、转向时，应根据需要设置临时拉线及其调节范围，并应有专人统一指挥。

杆塔上有人时，不准调整或拆除拉线。

2003 年，某送变电公司组装 500kV 拉 V 塔。塔已组好，有一人在塔上做扫尾工作。此时，两名地面工作人员同时调整对角线的两根拉线，发生倒塔，将塔上工作的一名人员摔死，将地面调整拉线的两名人员压死。

3. 放线、紧线与撤线

（1）放线、紧线与撤线工作均应有专人指挥、统一信号，并做到通信畅通、加强监护。工作前应检查放线、紧线与撤线工具及设备是否良好。

（2）交叉跨越各种线路、铁路、公路、河流等放、撤线时，应先取得主管部门同意，做好安全措施，如搭好可靠的跨越架、封航、封路、在路口设专人持信号旗看守等。

（3）放线、紧线前，应检查导线有无障碍物挂住，导线与

牵引绳的连接应可靠，线盘架应稳固可靠、转动灵活、制动可靠。放线、紧线时，应检查接线管或接线头以及过滑轮、横担、树枝、房屋等处有无卡住现象。如遇导、地线有卡、挂住现象，应松线后处理。处理时操作人员应站在卡线处外侧，采用工具、大绳等撬、拉导线。禁止用手直接拉、推导线。

（4）放线、紧线与撤线工作时，人员不准站在或跨在已受力的牵引绳、导线的内角侧和展放的导、地线圈内以及牵引绳或架空线的垂直下方，防止意外跑线时抽伤。

（5）紧线、撤线前，应检查拉线、桩锚及杆塔。必要时，应加固桩锚或加设临时拉绳。拆除杆上导线前，应先检查杆根，做好防止倒杆措施，在挖坑前应先绑好拉绳。

（6）禁止采用突然剪断导、地线的做法松线。

（7）放、撤线工作中使用的跨越架，应使用坚固无伤相对较直的木杆、竹竿、金属管等，且应具有能够承受跨越物重量的能力，否则可双杆合并或单杆加密使用。搭设跨越架应在专人监护下进行。

（8）跨越架的中心应在线路中心线上，宽度应超出所施放或拆除线路的两边各1.5m，且架顶两侧装设外伸羊角。跨越架与被跨电力线路应满足安全距离，否则应停电搭设。

（9）各类交通道口的跨越架的拉线和路面上部封顶部分，应悬挂醒目的警告标志牌。

（10）跨越架应经验收合格，每次使用前检查合格后方可使用。强风、暴雨过后应对跨越架进行检查，确认合格后方可使用。

（11）借用已有线路做软跨防线时，使用的绳索必须符合承重安全系数要求。跨越带电线路时应使用绝缘绳索。

（12）在交通道口使用软跨时，施工地段两侧应设立交通警示标志牌，控制绳索人员必须注意交通安全。

4. 张力放线

（1）在邻近或跨越带电线路采取张力放线时，牵引机、张力机本体、牵引绳、导地线滑车、被跨越电力线路两侧的放线滑车必须接地。邻近750kV及以上电压等级线路放线时操作人员应站在特制的金属网上，金属网必须接地。

（2）雷雨天不准进行放线作业。

（3）在张力放线的全过程中，人员不准在牵引绳、导引绳、导线下方通过或逗留。

（4）放线作业前应检查导线与牵引绳连接应可靠牢固。

第四讲

现场应急处置

应急管理很重要　各种预案要编好
培训演练常开展　处置程序记得牢
现场一旦出意外　分秒必争不拖延
呼吸心跳全停止　心肺复苏快实施
险区抢救须谨慎　自身防护别忘记
应急处置做得好　事故损失能减少

一、应急管理常识

（一）基本概念

1. 应急工作

指应急体系建设与运维，突发事件的预防与应急准备、监测与预警、应急处置与救援、事后恢复与重建等活动。

2. 突发事件

指突然发生，造成或者可能造成人员伤亡、电力设备损坏、电网大面积停电、环境破坏等危及电力企业、社会公共安全稳定，需要采取应急处置措施予以应对的紧急事件。

3. 应急体系建设内容

包括持续完善应急组织体系、应急制度体系、应急预案体系、应急培训演练体系、应急科技支撑体系，不断提高应急队伍处置救援能力、综合保障能力、舆情应对能力、恢复重建能力，建设预防预测和监控预警系统、应急信息与指挥系统。

4. 应急预案

指针对可能发生的各类突发事件，为迅速、有序地开展应急行动而预先制定的行动方案。

5. 应急制度体系

是组织应急工作过程和进行应急工作管理的规则与制度的总和，是公司规章制度的重要组成部分，包括应急技术、管理、工作三大标准，以及其他应急方面规章性文件。

6. 应急培训演练体系

包括专业应急培训基地及设施、应急培训师资队伍、应急培训大纲及教材、应急演练方式方法，以及应急培训演练机制。

在应急体系建设中，应急培训演练体系非常重要。只有通过培训演练，相关人员才能熟悉应急预案内容，掌握处置流程。一旦发生突发事件，能在第一时间启动应急预案，快速、准确地应对处置。只有通过培训演练，才能发现应急预案中存在的问题和不足，不断修订完善。最大程度减少突发事件造成的人身伤亡和财产损失。

7. 应急科技支撑体系

包括为公司应急管理、突发事件处置提供技术支持和决策

咨询，并承担公司应急理论、应急技术与装备研发任务的公司内外应急专家及科研院所应急技术力量，以及相关应急技术支撑和科技开发机制。

8. 国家电网公司应急队伍

由应急救援基干分队、应急抢修队伍和应急专家队伍组成。应急救援基干分队负责快速响应实施突发事件应急救援；应急抢修队伍承担公司电网设施大范围损毁修复等任务；应急专家队伍为公司应急管理和突发事件处置提供技术支持和决策咨询。发生突发事件，事发单位首先要做好先期处置，营救受伤被困人员，恢复电网运行稳定，采取必要措施防止危害扩大，并根据相关规定，及时向上级和所在地人民政府及有关部门报告。对因本单位问题引发的、或主体是本单位人员的社会安全事件，要迅速派出负责人赶赴现场开展劝解、疏导工作。

9. 综合保障能力

是指公司在物质、资金等方面，保障应急工作顺利开展的能力。包括各级应急指挥中心、电网备用调度系统、应急电源系统、应急通信系统、特种应急装备、应急物资储备及配送、应急后勤保障、应急资金保障、直升机应急救援等方面内容。

10. 舆情应对能力

是指按照公司品牌建设规划推进和国家应急信息披露各项要求，规范信息发布工作，建立舆情分析、应对、引导常态机制，主动宣传和维护公司品牌形象的能力。

11. 恢复重建能力

包括事故灾害快速反应机制与能力、人员自救互救水平、事故灾害损失及恢复评估、事故灾害现场恢复、事故灾害生产经营秩序和灾后人员心理恢复等方面内容。

12. 预防预测和监控预警系统

是指通过整合公司内部风险分析、隐患排查等管理手段，各种在线与离线电网、设备监测监控等技术手段，以及与政府相关专业部门建立信息沟通机制获得的自然灾害等突发事件预测预警信息，依托智能电网建设和信息技术发展成果，形成覆盖公司各专业的监测预警技术系统。

13. 应急信息和指挥系统

是指在较为完善的信息网络基础上，构建的先进实用的应急管理信息平台，实现应急工作管理，应急预警、值班，信息报送、统计，辅助应急指挥等功能，满足公司各级应急指挥中心互联互通，以及与政府相关应急指挥中心联通要求，完成指挥员与现场的高效沟通及信息快速传递，为应急管理和指挥决策提供丰富的信息支撑和有效的辅助手段。

14. 国家电网公司应急工作原则

以人为本，减少危害。在做好企业自身突发事件应对处置的同时，切实履行社会责任，把保障人民群众和公司员工的生命财产安全作为首要任务，最大程度减少突发事件及其造成的人员伤亡和各类危害。

15. 安全事故即时报告规定

（1）发生人身伤亡事故，六级以上电网、设备事件以及直流输电系统故障停运，特高压输变电设备故障停运，500（330）kV及以上系统主变压器、母线停运等事件，各有关单位要即时上报至国家电网公司安全监察质量部和分部安全监察质量处，每级上报时间不超过1h。

（2）即时报告内容包括事故发生时间、地点、单位；事故发生简要经过、伤亡人数、直接经济损失的初步估计；电网停电影响、设备损坏、应用系统故障和网络故障的初步情况；事故发生原因的初步判断等。

（3）即时报告可采用电话、手机短信、电子邮件、传真等方式，应确保时效性，内容简明清楚，并要向接收方进行确认。

即时报告后事故出现新情况的，要及时补报。

（二）现场处置方案编制要求

国家电网公司应急预案体系由总体预案、专项预案、现场处置方案构成。电力企业应组织基层单位或班组针对特定的具体场所（如集控室、变电站等）、设备设施（如输电线路、变压器等）、岗位（如集控运行人员、输配电作业人员等），在详细分析现场风险和危险源的基础上，针对典型的突发事件类型（如人身事故、电网事故、设备事故、火灾事故等），制定相应的现场处置方案。现场处置方案应简明扼要、明确具体，具有很强的针对性、指导性和可操作性。

1. 现场处置方案的主要内容

（1）总则。明确方案的编制目的、编制依据和适用范围等内容。

（2）事件特征。主要包括：

1）危险性分析，可能发生的事件类型。

2）事件可能发生的区域、地点或装置的名称。

3）事件可能发生的季节（时间）和可能造成的危害程度。

4）事前可能出现的征兆。

（3）应急组织及职责。主要包括：

1）基层单位（部门）应急组织形式及人员构成情况；

2）应急组织机构、人员的具体职责，应同基层单位或部门、班组人员的工作职责紧密配合，明确相关岗位和人员的应急工作职责。

（4）应急处置。主要包括：

1）现场应急处置程序。根据可能发生的典型事件类别及现场情况，明确报警、各项应急措施启动、应急救护人员的引导、事件扩大时与相关应急预案衔接的程序。

2）现场应急处置措施。针对可能发生的人身、电网、设备、火灾等，从操作措施、工艺流程、现场处置、事故控制、人员救护、消防、现场恢复等方面制定明确的应急处置措施。现场处置措施应符合有关操作规程和事故处置规程规定。

3）事件报告流程。明确报警电话及上级管理部门、相关应急救援单位联络方式和联系人员，事件报告的基本要求和内容。

（5）注意事项。主要包括：

1）佩戴个人防护器具方面的注意事项。

2）使用抢险救援器材方面的注意事项。

3）采取救援对策或措施方面的注意事项。

4）现场自救和互救的注意事项。

5）现场应急处置能力确认和人员安全防护等事项。

6）应急救援结束后的注意事项。

7）其他需要特别警示的事项。

（6）附件。主要包括：

1）有关应急部门、机构或人员的联系方式。列出应急工作中需要联系的部门、机构或人员的联系方式。

2）应急物资装备的名录或清单。按需要列出现场处置方案涉及的物资和装备名称、型号、存放地点和联系电话等。

3）关键的路线、标识和图纸。按需要给出下列路线、标识和图纸。

2. 电网企业的基层单位（班组）应编制的典型现场处置方案

（1）人身事故类：

1）高处坠落伤亡事故处置方案；

2）机械伤害伤亡事故处置方案；

3）物体打击伤亡事故处置方案；

4）触电伤亡事故处置方案；

5）火灾伤亡事故处置方案；

6）灼烫伤亡事故处置方案；

7）化学危险品中毒伤亡事故处置方案。

（2）电网事故类：

1）重要输电通道及线路故障处置方案；

2）重要变电站、换流站、发电厂全停事故处置方案；

3）重要电力用户停电事件处置方案；

4）电网解列事故处置方案；

5）电网非同期振荡事故处置方案；

6）电网低频事故处置方案；

7）电网应对缺煤引发机组大范围停运事件处置方案。

（3）设备事故类：

1）变电站主变故障处置方案；

2）变电站母线故障处置方案；

3）输电线路倒塔断线事故处置方案。

（4）电力网络与信息系统安全类：

1）电力二次系统安全防护处置方案；

2）电网调度自动化系统故障处置方案；

3）电网调度通信系统故障处置方案。

（5）火灾事故类：

1）变压器火灾事故处置方案；

2）电缆火灾事故处置方案；

3）重要生产场所火灾事故处置方案。

二、现场应急处置

现场发生突发事件，必须在第一时间内按现场处置方案要求进行处置，不得拖延，防止人为扩大事故。

本节主要讲述现场发生人身事件时的紧急救护方法。一旦发生意外，现场人员能够进行迅速而恰当的自救、互救，最大限度地保护伤员生命，减轻伤情，减少痛苦。

（一）触电急救

触电现场抢救的原则是“迅速、就地、准确、坚持”。

事故案例

1987年，某电业局在进行一条分支线路杆线变位工作中，发生一起三人触电的事故，其中两人停止呼吸，一人感觉麻电。现场的工作负责人和司机立即对两名触电者分别进行口对口人工呼吸和胸外按压心脏的急救，使两名触电猝死者得救。

事故案例

2008年，某供电支公司一名分管营销的副经理到用户配电室检查用电设备时发生触电，现场人员都不会触电急救，只能拨打“120”呼救，终因抢救不及时导致死亡。

1. 迅速脱离电源

（1）低压触电可采用下列方法使触电者脱离电源：

1）如果开关或插销就在触电地点附近，应迅速拉开开关或拔掉插头，以切断电源。但应注意到拉线开关或墙壁开关等只控制一根线的开关，有可能因安装问题只能切断中性线而没有断开电源的相线。比如在灯口触电时，拉开电灯开关，电灯虽然熄灭了，还不能算切断了电源，因为有些电灯开关安装不符合规定要求，没有装在相线上，虽已拉开了电灯开关，导线仍然带电。

2）如果开关或插头距离触电地点很远，不能很快把开关或插头拉开，可用绝缘手钳或装有干燥木柄的斧、刀、锄头、铁

锹等把导线切断。但必须注意切断电源侧（即来电侧）的导线，而且注意切断电源线不可触及其他救护人员。

3）如果导线断落在触电人身上或压在身下时，可用干燥的木棒、木板、竹竿、木凳等带有绝缘性能的物件，迅速将带电导线挑开。但千万注意，不能使用任何金属棒或潮湿的东西去挑带电导线，以免救护人员自身触电，也要注意不要让所挑起的带电导线落在其他人身上。

4）如果触电人的衣服是干燥的，而且不是裹缠在身上时，救护人员可站在绝缘物上用带有绝缘的毛织品、围巾、帽子、干衣服等把自己的一只手作严格的绝缘包裹，然后用这只手（千万不要用两只手）拉住触电人的衣服，把触电人拉离带电体，使触电者脱离电源，但不能触及触电人的皮肤，也不可拉触电人的脚，因触电人的脚可能是潮湿的，或鞋上有钉等，这些都是导体。

（2）高压触电可采用下列方法使触电者脱离电源：

1）立即通知有关供电单位或用户停电。

2）戴上绝缘手套，穿上绝缘靴，用相应电压等级的绝缘工具按顺序拉开电源开关或熔断器。

3）抛掷裸金属线使线路短路接地，迫使保护装置动作，断开电源。注意抛掷金属线之前，应先将金属线的一端固定可靠接地，然后另一端系上重物抛掷，注意抛掷的一端不可触及触电者和其他人。另外，抛掷者抛出线后，要迅速离开接地的金属线 8m 以外或双腿并拢站立，防止跨步电压伤人。在抛掷短路线时，应注意防止电弧伤人或断线危及人员安全。

此外，还应注意：在电容电流较大的线路上，电源断开后，仍存在有危险的残余电荷，只有妥善接地才能避免危险。

当在杆上工作的人员突然患病、触电、受伤或失去知觉后，杆下人员必须立即进行施救，使伤员尽快脱离电源和高空，降

到安全的地面进行救护工作。

触电者衣服被电弧光引燃时，应迅速扑灭其身上的火源，着火者切忌跑动，方法可利用衣服、被子、湿毛巾等扑火，必要时可就地躺下翻滚，使火扑灭。

2. 判定意识、呼救和体位放置

（1）判断伤员有无意识的方法：

1）轻轻拍打伤员肩部，高声叫喊“喂！你怎么了?”。

2）如认识，可直呼其名。有意识，立即送医院。

3）眼球固定，瞳孔放大，无反应时，立即用手指甲掐压人中穴、合谷穴约 5s。

以上 3 步必须在 10s 以内完成，不可太长，伤员如果出现眼球活动、四肢活动及疼痛感后，应立即停止掐压穴位。拍打肩部不可用力过重，以防加重可能存在的骨折等损伤。

（2）呼救。一旦初步确定伤员意识丧失，应立即招呼周围的人前来协助抢救，哪怕周围无人，也应大叫“来人啊！救命啊!”。

（3）放置体位。正确的抢救体位是仰卧位。患者头、颈、躯干平卧无扭曲，双手放于两侧躯干旁。

如伤员摔倒时面部向下，应在呼救同时小心地将其转动，使伤员全身各部成一个整体。尤其要注意保护好颈部。

3. 畅通气道、判断呼吸与人工呼吸

（1）畅通气道。当发现触电者呼吸微弱或停止时，应立即通畅触电者的气道以促进触电者呼吸或便于抢救。通畅气道主要采用仰头举颏法。即一手置于前额使头部后仰，另一手的食指与中指置于下颌骨近下颏角处，抬起下颏。另外，还有仰头抬颈法、推颌法、锤背法等。

检查伤员口、鼻腔，如有异物立即用手指清除。

（2）判断呼吸。如触电伤员意识丧失，应在开放气道后 10 秒内用看、听、试的方法判断伤员有无呼吸。

看——看伤员的胸、腹壁有无呼吸起伏动作。

听——用耳贴近伤员的口鼻处，听有无呼气声音。

试——用颜面部的感觉测试口鼻部有无呼气气流。

若无上述体征可确定无呼吸。一旦确定无呼吸后，立即进行两次人工呼吸。

（3）口对口（鼻）人工呼吸。当判断伤员确实不存在呼吸时，应立即进行口对口（鼻）的人工呼吸。具体操作步骤如下：

1）用按于前额一手的拇指与食指，捏住伤员鼻孔（或鼻翼）下端，以防气体从口腔内经鼻孔逸出，施救者深吸一口气屏住并用自己的嘴唇包住（套住）伤员微张的嘴。

2）每次向伤员口中吹（呵）气持续1~1.5s，同时仔细地观察伤员胸部有无起伏，如无起伏，说明气未吹进。

3）一次吹气完毕后，应即与伤员口部脱离，轻轻抬起头部，面向伤员胸部，吸入新鲜空气，以便作下一次人工呼吸。同时使伤员的口张开，捏鼻的手也可放松，以便伤员从鼻孔通气，观察伤员胸部向下恢复时，则有气流从伤员口腔排出。

抢救一开始，应即向伤员先吹气两口，吹气时胸廓隆起者，人工呼吸有效；吹气无起伏者，则气道通畅不够，可能由于鼻孔处漏气、吹气不足、气道有梗阻的原因，应及时纠正。

注意：① 每次吹气量不要过大，约600ml左右（6~7ml/kg），大于1200ml会造成胃扩张；② 吹气时不要按压胸部；③ 儿童伤员需视年龄不同而异，其吹气量约为500ml左右，以胸廓能上抬时为宜；④ 抢救一开始的首次吹气两次，每次时间约1~1.5s；⑤ 有脉搏无呼吸的伤员，则每5s吹一口气，每分钟吹气12次；⑥ 口对鼻的人工呼吸，适用于有严重的下颌及嘴唇外伤，牙关紧闭，下颌骨骨折等情况的伤员，难以采用口对口吹气法。⑦ 婴、幼儿急救操作时要注意，因婴、幼儿韧带、肌肉松弛，故头不可过度后仰，以免气管受压，影响气道通畅，可用一手托颈，以保持气道平直；另一方面婴、幼儿口鼻开口均较小，位置又很靠近，抢救者可用口贴住婴、幼儿口与鼻的开口处，施行口对口鼻呼吸。

4. 判断伤员有无脉搏与胸外心脏按压

（1）判断脉搏。在检查伤员的意识、呼吸、气道之后，应对伤员的脉搏进行检查，以判断伤员的心脏跳动情况。非专业救护人员可不进行脉搏检查，对于无呼吸、无反应、无意识的

伤员立即实施心肺复苏。

（2）胸外心脏按压。在对心跳停止者未进行按压前，先手握空心拳，快速垂直击打伤员胸前区胸骨中下段 1~2 次，每次 1~2s，力量中等，若无效，则立即胸外心脏按压，不能耽误时间。

1）按压部位：胸骨中 1/3 与下 1/3 交界处；

2）伤员体位：伤员应仰卧于硬板床或地上。如为弹簧床，则应在伤员背部垫一硬板。硬板长度及宽度应足够大，以保证按压胸骨时，伤员身体不会移动。但不可因找寻垫板而延误开始按压的时间。

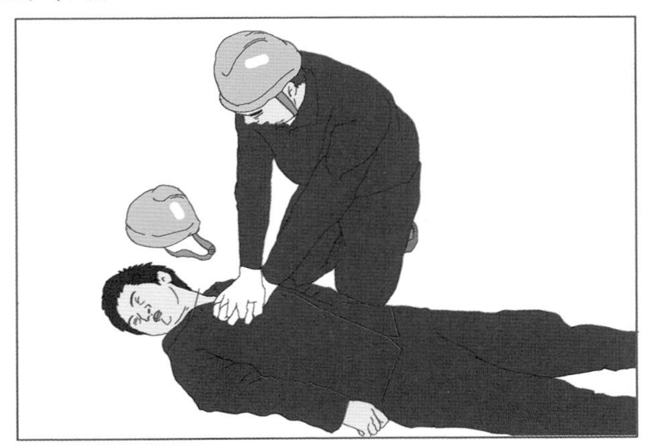

3）快速测定按压部位的方法：① 首先触及伤员上腹部，以食指及中指沿伤员肋弓处向中间移滑；② 在两侧肋弓交点处寻找胸骨下切迹，以切迹作为定位标志，不要以剑突下定位；③ 然后将食指及中指两横指放在胸骨下切迹上方，食指上方的胸骨正中部即为按压区；④ 以另一手的掌根部紧贴食指上方，放在按压区；⑤ 再将定位之手取下，重叠将掌根放于另一手背上，两手手指交叉抬起，使手指脱离胸壁。

4）按压姿势。正确的按压姿势应该是抢救者双臂绷直，双肩在伤员胸骨上方正中，靠自身重量垂直向下按压。

5）按压用力方式：① 按压应平稳，有节律地进行，不能间断；② 不能冲击式的猛压；③ 下压及向上放松的时间应相等，压按至最低点处，应有一明显的停顿；④ 垂直用力向下，不要左右摆动；⑤ 放松时定位的手掌根部不要离开胸骨定位点，但应尽量放松，务使胸骨不受任何压力；

6）按压频率应保持在 100 次/min；

7）按压与人工呼吸的比例关系通常是，成人为 30∶2，婴儿、儿童为 15∶2；

8）通常，成人伤员为 4～5cm，5～13 岁伤员为 3cm，婴幼儿伤员为 2cm。

5. 心肺复苏

（1）心肺复苏操作的时间要求：

0～5s：判断意识。

5～10s：呼救并放好伤员体位。

10～15s：开放气道，并观察呼吸是否存在。

15～20s：口对口呼吸两次。

20～30s：判断脉搏。

30～50s：进行胸外心脏按压 30 次，并再人工呼吸 2 次，以后连续反复进行。

以上程序尽可能在 50s 以内完成，最长不宜超过 1min。

（2）双人复苏操作要求。如果现场急救人员较多，可以进行双人操作，即一人进行心脏按压，另一人进行人工呼吸。这种方法的关键是两人必须互相协调，配合默契。双人操作的效果要比单人操作的效果好。具体要求如下：

1）两人应协调配合，吹气应在胸外按压的松弛时间内完成。

2）按压频率为 100 次/min。

3）按压与呼吸比例为 30∶2，即 30 次心脏按压后，进行 2 次人工呼吸。

4）为达到配合默契，可由按压者数口诀 1、2、3、4、……、29、吹，当吹气者听到“29”时，做好准备，听到“吹”后，即向伤员嘴里吹气，按压者继而重数口诀“1、2、3、4、……、29、吹”，如此周而复始循环进行。

5）人工呼吸者除需通畅伤员呼吸道、吹气外，还应经常触摸其颈动脉和观察瞳孔等。

6. 心肺复苏抢救过程中伤员的转移

（1）在现场抢救时，应力争抢救时间，切勿为了方便或让伤员舒服去移动伤员，从而延误现场抢救的时间。

（2）现场心肺复苏应坚持不断地进行，抢救者不应频繁更换，即使送往医院途中也应继续进行。鼻导管给氧绝不能代替心肺复苏术。如需将伤员由现场移往室内，中断操作时间不得超过 7s；通道狭窄、上下楼层、送上救护车等的操作中断不得超过 30s。

（3）将心跳、呼吸恢复的伤员用救护车送医院时，应在伤员背部放一块宽阔适当的硬板，以备随时进行心肺复苏。将伤员送到医院而专业人员尚未接手前，仍应继续进行心肺复苏。

（4）搬运伤员时，应使伤员平躺在担架上，腰部束在担架上，防止跌下。平地搬运时伤员头部在后，上楼、下楼、下坡时头部在上，搬运中应严密观察伤员，防止伤情突变。

7. 触电者好转以后的处理

被电击伤并经过心肺复苏抢救成功的电击伤员，都应让其充分休息，并在医务人员指导下进行不少于 48h 的心脏监护。因为伤员在被电击过程中，由于电压、电流、频率的直接影响和组织损伤而产生的高钾血症，以及由于缺氧等因素，引起的心肌损害和心律失常，经过心肺复苏抢救，在心跳恢复后，有的伤员还可能会出现“继发性心跳停止”，故应进行心脏监护，以对心律失常和高钾血症的伤员及时予以治疗。

8. 心肺复苏抢救终止

何时终止心肺复苏是一个涉及医疗、社会、道德等方面的问题。不论在什么情况下，终止心肺复苏，决定于医生，或医生组成的抢救组的首席医生。否则不得放弃抢救。高压或超高压电击的伤员心跳、呼吸停止，更不应随意放弃抢救。

（二）创伤急救

1. 创伤急救的基本要求

（1）创伤急救原则上是先抢救、后固定、再搬运，并注意采取措施，防止伤情加重或污染。需要送医院救治的，应立即做好保护伤员措施后送医院。急救成功的条件是：动作快，操作正确，任何延迟和误操作均可加重伤情，并可导致死亡。

（2）抢救前先使伤员安静躺平，判断全身情况和受伤程度，如有无出血、骨折和休克等。

（3）外部出血立即采取止血措施，防止失血过多而休克。外部无伤，但呈休克状态，神志不清或昏迷者，要考虑胸腹部内脏或脑部受伤的可能性。

（4）为防止伤口感染，应用清洁布片覆盖。救护人员不得用手直接接触伤口，更不得在伤口内填塞任何东西或随便用药。

（5）搬运时应使伤员平躺在担架上，腰部束在担架上，防止跌下。平地搬运时伤员头部在后，上楼、下楼、下坡时头部在上，搬运中应严密观察伤员，防止伤情突变。

（6）若怀疑伤员有脊椎损伤（高处坠落者），在放置体位及搬运时必须保证脊柱不扭曲、不弯曲，应将伤员平卧在硬质平板上，并设法用沙土袋（或其他替代物）放置头部及躯干两侧以适当固定之，以免引起截瘫。

2. 止血

（1）用较伤口稍大的消毒纱布数层覆盖伤口，然后进行包扎。

（2）伤口出血呈喷射状或鲜红血液涌出时，立即用清洁手指压迫出血点上方（近心侧）使血流中断，并将出血肢体抬高或举高，以减少出血量。

（3）用止血带或弹性较好的布带等止血时，应用柔软布片或伤员的衣袖等数层垫在止血带下面，再扎紧止血带以刚使肢端动脉搏动消失为度。

（4）严禁用电线、铁丝、细绳等做止血带使用。

（5）高处坠落、撞击、挤压可能有胸腹内脏破裂出血。受伤者外观无出血但常表现面色苍白，脉搏微弱、气促，冷汗淋漓，四肢厥冷，烦躁不安，甚至神志不清等休克状态，应迅速躺平，抬高下肢，保持温暖，速送医院救治。若送院途中时间较长，可给伤员饮用少量糖盐水。

3. 骨折急救

（1）肢体骨折可用夹板或木棍、竹竿等将骨上、下方两个关节固定，也可利用伤员身体进行固定，避免骨折部位移动，以减少疼痛，防止伤势恶化。

开放性骨折，伴有大量出血者，先止血、再固定，并用干净布片覆盖伤口，然后速送医院救治。切勿将外露的断骨推回伤口内。

（2）疑有颈椎损伤，在使伤员平卧后，用沙袋（或其他替代物）放置头部两侧使颈部固定不动。需要进行口对口人工呼吸时，只能采用抬颏使气道畅通，不能再将头部后仰移动或转动头部，以免引起截瘫或死亡。

（3）腰椎骨折应将伤员平卧在平硬木板上，并将腰椎躯干及两侧下肢一同进行固定预防瘫痪。搬动时应数人合作，保持平稳不能扭曲。

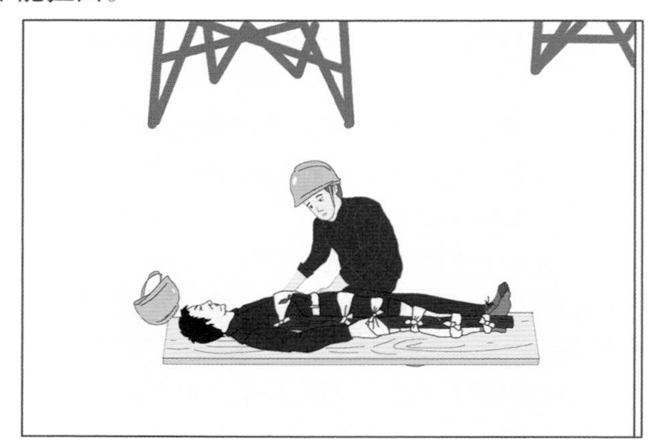

4. 颅脑外伤

（1）应使伤员采取平卧位，保持气道通畅，若有呕吐，应扶好头部和身体，使头部和身体同时侧转，防止呕吐物造成窒息。

（2）耳朵有液体流出时，不要用棉花堵塞，只可轻轻拭去，以利降低颅内压力。也不可用力擤鼻，排除鼻内液体，或将液体再吸入鼻内。

（3）颅脑外伤时，病情可能复杂多变，禁止饮食，速送医院诊治。

（三）意外伤害急救

1. 烧伤急救

（1）电灼伤、火焰灼伤或高温气、水烫伤均应保持伤口清洁。伤员的衣服鞋袜用剪刀剪开后去除。伤口全部用清洁布片覆盖，防止污染。四肢烧伤时，先用清洁冷水冲洗，然后用清洁布片或消毒纱布覆盖送医院。

（2）强酸或碱灼伤应迅速脱去被溅染衣物，现场立即用大量清水彻底冲洗，要彻底，然后用适当的药物予以中和；冲洗

时间不少于10min；被强酸烧伤应用5%碳酸氢钠溶液中和；被强碱烧伤应用0.5%~5%醋酸溶液或5%氯化铵或10%枸橼酸液中和。

（3）未经医务人员同意，灼伤部位不宜敷搽任何东西和药物。

（4）送医院途中，可给伤员多次少量口服糖盐水。

2. 冻伤急救

（1）冻伤使肌肉僵直，严重者深及骨骼，在救护搬运过程中动作要轻柔，不要强使其肢体弯曲活动，以免加重损伤，应使用担架，将伤员平卧并抬至温暖室内救治。

（2）将伤员身上潮湿的衣服剪去后用干燥柔软的衣服覆盖，不得用火烤或搓雪。

（3）全身冻伤者呼吸和心跳有时十分微弱，不得误认为死亡，应努力抢救。

3. 动物咬伤急救

（1）毒蛇咬伤后，不要惊慌、奔跑、饮酒，以免加速蛇毒在人体内扩散。

（2）咬伤大多在四肢，应迅速从伤口上端向下方反复挤出毒液，然后在伤口上方（近心侧）用布带扎紧，将伤肢固定，避免活动，以减少毒液的吸收。

（3）有蛇药时先服用，再送往医院救治。

4. 犬咬伤

（1）犬咬伤后应立即用浓肥皂水或清水冲洗伤口至少15min，同时用挤压法自上而下将残留伤口内唾液挤出，然后再用碘酒涂搽伤口。

（2）少量出血时，不要急于止血，也不要包扎或缝合伤口。

（3）采取主动免疫措施，即注射狂犬病疫苗。

5. 昆虫袭击急救

（1）蜂蛰伤：

1）蜜蜂蛰伤，先检查有无毒液残留，如果有残留立即用胶布粘贴后揭起的方法去除毒刺或用镊子将毒刺拔除。再用肥皂水或浓度为5%~10%的碳酸氢钠溶液洗敷伤口。

2）被黄蜂蛰伤，先检查有无毒刺和附有的毒腺囊滞留于皮肤内，如果有，立即用尖细的刀尖或针头挑出毒腺囊及毒刺。再用食醋或浓度为3%的硼酸、浓度为1%的醋酸甚至尿液等冲洗，局部放置冰袋冷敷。

（2）蝎子蛰伤：

1）被蝎子蛰伤，应立即拔除毒钩。

2）若蛰在四肢，应立即在蛰伤伤口上部（近心侧）3~4cm处，用止血带或布带、绳子扎紧，扎紧后每隔10~15min放松1~2min。用手自伤口周围向伤口处方向用力挤压，使含有毒素的血液从伤口流出。

3）用浓度为3%氨水或石灰水上清液、1∶500高锰酸钾液、浓度为5%的碳酸氢钠溶液等清洗伤口。

4）将明矾研碎，用米醋调成糊状，涂在伤口上。

（3）蜈蚣咬伤：

1）被蜈蚣咬伤后，应在周围用浓度为5%~10%的小苏打水或肥皂水、石灰水清洗伤口周围。

2）涂上较浓的碱水或浓度为3%的氨水。疼痛剧烈的可用冰敷局部。

6. 溺水急救

（1）发现有人溺水应设法迅速将其从水中救出，呼吸心跳停止者用心肺复苏法坚持抢救。

（2）口对口人工呼吸因异物阻塞发生困难，而又无法用手指除去时，可用两手相叠，置于脐部捎上正中线（远离剑突）

迅速向上猛压数次，使异物退出，但也不能用力太大。

（3）溺水死亡的主要原因是窒息缺氧。由于淡水在人体内能很快经循环吸收，而气管能容纳的水量很少，因此在抢救溺水者时不得“倒水”而延误抢救时间，更不能仅“倒水”而不用心肺复苏法进行抢救。

7. 高温中暑急救

（1）烈日直射头部，环境温度过高，饮水过少或出汗过多等可以引起中暑现象，其症状一般为恶心、呕吐、胸闷、眩晕、嗜睡、虚脱，严重时抽搐，惊厥甚至昏迷。

（2）应立即将病员从高温或日晒环境转移到阴凉通风处休息。用冷水擦浴，湿毛巾覆盖身体，电扇吹风，或在头部放置冰袋等方法降温，并及时给伤员口服盐水。严重者送医院治疗。

8. 中毒急救

（1）一氧化碳中毒：

1）在一氧化碳浓度低且氧气含量高于18%的现场，可佩戴过滤式防毒面具或用湿毛巾掩住口鼻进入现场救人。

2）在一氧化碳浓度高且氧气含量低于18%的现场，必须佩戴隔绝式呼吸器进入现场救人。

3）轻度吸入一氧化碳中毒者，迅速使其脱离中毒现场至空气新鲜处，注意保暖。

4）中度吸入一氧化碳中毒者，迅速使其脱离中毒现场至空气新鲜处，必要时采取强制吸氧或送医院治疗。

5）重度吸入一氧化碳中毒者，迅速使其脱离中毒现场至空气新鲜处，立即就地进行抢救，解开中毒者上衣纽扣通畅呼吸道，对昏迷且有自主呼吸的立即供养，对无自主呼吸的要立即采取强制供养，人工呼吸、胸外按压等急救措施。

6）在现场救护时，注意防火防爆。

7）使用氧气时，注意不要与有机溶剂或油类接触，气管接头要可靠密封。

（2）六氟化硫中毒：

1）发现六氟化硫气体泄露立即组织人员撤离现场，开启通风系统，保持空气流通。

2）救援人员必须佩戴空气（氧气）呼吸防护器材才能进入中毒现场救助中毒者。

3）皮肤接触六氟化硫者，应脱去污染衣物，用清水冲洗，然后到医院治疗。

4）眼部受到伤害或污染者，用清水冲洗并摇晃头部。

5）用两种原理不同的检测装置确认六氟化硫和氧气含量正常后，才可重新进入泄露区域。

6）工作人员使用的工具、手套等使用后必须彻底清洗。

（3）硫化氢中毒：

1）发现有人硫化氢中毒，救援人员必须佩戴正压式呼吸器等隔绝呼吸器（禁止使用过滤式呼吸器）才能进入中毒现场，迅速将中毒人员解救出来。救援人员不能在有毒区摘下呼吸器，防止中毒。

2）向沟、池、井等事故现场吹入新鲜空气（或氧气）将

有毒气体置换出来或强制通风，至空气质量达标后再派人进入。

3）皮肤接触硫化氢者，应脱去污染衣物，用清水冲洗，然后去医院治疗。

4）吸入硫化氢中毒者，应迅速脱离现场至空气新鲜处，脱掉被污染衣物，同时注意保暖。吸入量较多，造成呼吸困难的要及时输氧，送医院治疗。

5）吸入硫化氢量大，造成呼吸停止、窒息的要立即进行强制供养，待呼吸恢复后再送医院治疗。

6）禁止对硫化氢中毒人员进行口对口人工呼吸，防止施救人员吸入中毒人员呼出的硫化氢气体。

7）硫化氢为易燃易爆气体，救人过程中要注意防火。

（4）食物中毒：

1）发现食物中毒，现场负责人要立即查看和了解疑似食物中毒人员的症状和人数，并通知其他正在就餐的人员查看和未就餐的人员停止用餐。

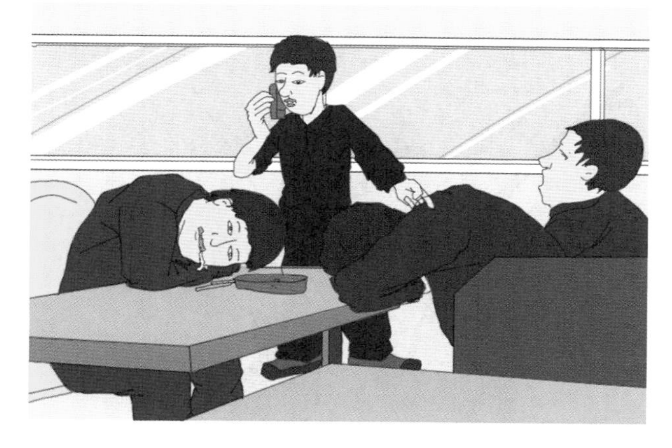

2）对疑似食物中毒者，用手指、筷子等刺激其舌根部的方法催吐。

3）组织中毒者大量饮水，反复自行呕吐，以减少毒素的吸收，起到冲淡和排毒的作用。

4）根据中毒现场情况，拨打“120”、“110”报警电话求助。将中毒症状严重人员送往急救中心救治，同时观察其他就餐人员情况。

5）收集就餐食物留存样本、中毒者呕吐物及餐具等送急救中心化验，协助解毒和分析中毒原因，追查中毒责任。

6）现场救治人员做好隔离措施，并在救治结束后清洗干净，避免二次中毒。

7）现场负责人将中毒事件的发生时间、就餐人员、中毒人员、中毒症状严重程度、救治情况、初步原因分析等情况向上级及公安部门汇报。

（四）其他应急处置

1. 火灾

（1）变电站设备着火。火险初期，查明火情，立即灭火。针对不同的起火设备，应使用相对应介质的消防器材进行灭火。

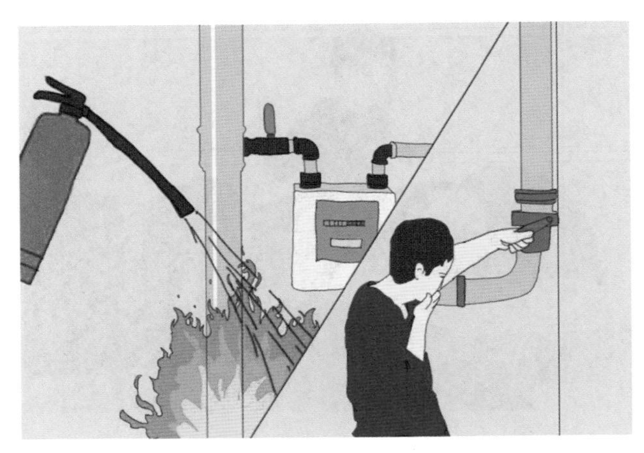

（2）依据调控人员命令将着火设备及临近受威胁的设备停电。情况紧急时，可以先断电再汇报值班调控人员。

（3）发现自动化、通信机房有火险，应先检查自动灭火装置是否启动，如果启动则不能进入机房，如果未启动则需判断火情，初期火险使用灭火器灭火，不能扑救的手动启动灭火装置。

（4）营业场所发现火情，立即组织引导营业场所的人员撤离，用电客户优先。如果是纸、木类着火、迅速组织人员用湿抹布、湿墩布扑打或直接用泼水的方法灭火。如果是用电引发的着火，先将电源切断再组织救火。

（5）进入着火区域必须佩戴防毒面具，防止施救者窒息。

（6）进入有电缆或六氟化硫等可能产生有毒气体的着火区域救人必须正确佩戴正压呼吸器，防止施救者中毒。

（7）火险不能控制时，应立即拨打火险电话“119”报警，报警时详细提供单位名称、详细地址、起火设备、是否为注油设备、火势、联系人姓名、电话等，并指派人员到路口接应。

（8）火势无法控制时，现场负责人应迅速组织人员撤至安全区域，防止受伤。

（9）专业消防人员到达火险现场后，现场人员要积极配合消防人员灭火。

（10）火灾等灾害发生时，禁止巡视灾害现场。灾害发生后，如需要对设备进行巡视时，应制定必要的安全措施，得到设备运维管理单位批准，并至少两人一组，巡视人员应与派出部门之间保持通信联络。

2. 交通事故

（1）在道路上发生交通事故，驾驶员应立即停车，拉紧手刹，保护现场并迅速报告交警。

（2）交通事故造成人身伤亡的，应立即抢救受伤人员，因抢救受伤人员需要变动现场的，应当标明位置。

（3）机动车在道路上发生事故需要维修时，驾驶员应当立即持续开启危险报警闪光灯，并用在来车方向设置警告标志等措施扩大警示距离。夜间还需开启宽灯和尾灯。

（4）机动车在高速公路上发生事故时，警告标志应当设置在故障车来方向 150m 以外，车上人员应当迅速转移至右侧路肩上或应急车道内。

（5）在现场处置时，必须指定一名有经验的人员进行现场指挥。

（6）在实施现场处置前，必须做好安全措施，防止倾倒的机动车再次发生倾倒或碾压。

（7）交通事故造成车辆着火的，应立即救火，并做好预防爆炸的安全措施。

（8）在伤员救治和转移过程中，采取固定等措施，防止伤情加重。可以利用肇事车辆运送伤员到医院救治，但要做好标记。

（9）发生交通事故后要保持冷静，记录肇事车辆、肇事驾驶员等信息，利用相机、手机等设备对现场拍照。另外，还要通知保险公司，前来勘察现场。依法合规配合做好事故处理。

（10）驾驶员要将交通事故发生的时间、地点、人员伤害等情况及时汇报单位。

3. 雷电灾害

（1）在输电线路和杆塔上工作，当发现有雷电征兆时，工作负责人应立即下令停止工作，组织全体人员撤离至安全区域，并汇报工作许可人。塔上作业人员不能及时撤离的，应采取相应的防坠落措施。

（2）线路带电作业遭遇雷电灾害时，处于等电位的工作人员如不能及时撤离，则保持等电位状态，但必须解除绳索、软

梯等受潮后可能引发短路故障的带电作业工具。

（3）塔上作业人员遭受雷击，现场人员应尽快设法将其解救至地面，并汇报单位。必要时申请救援。

（4）解救伤者过程中，要不断与其交谈，保持伤者意识清醒，防止其昏迷。

（5）根据伤者情况就地采取触电急救、创伤处置等措施后，到医院救治。

（6）发生雷电时，禁止站在高处，不得靠近避雷针、避雷器以及杆塔、树木等高大物体，禁止在空旷处拨打或接听手机。

4. 地震

（1）感知地震发生，现场人员应立即撤至室外安全地点，来不及撤离时找墙角等即使倒塌也能形成避险空间的地点，待余震间隙时再撤离。

（2）避险地点要选在远离设备区、建筑物、构筑物，即使建筑物、构筑物倾倒、导线断线、爆炸也不会危及到的区域。

（3）在有安全防护的条件下核查人员、设备情况，利用各种通信手段呼救。

（4）在保证自身安全的情况下，开展现场自救并寻找伤员实施救护。

（5）将人员及设备情况汇报调控人员和上级部门。

（6）火灾、地震等灾害发生时，禁止巡视灾害现场。灾害发生后，如需要对设备进行巡视时，应制定必要的安全措施，得到设备运维管理单位批准，并至少两人一组，巡视人员应与派出部门之间保持通信联络。

（7）注意收听当地电台广播，了解地震灾情发展情况。

5. 外力破坏

（1）发现有外来人员要强行进入变电站等重要生产现场

时，迅速关闭大门、楼门、设备区门等，阻挡外来人员进入。

（2）检查围墙上的安防装置完好并在投入状态，夜间还应开启设备区探照灯，向外来人员喊话，劝阻其入内。

（3）发现外来人员有寻衅滋事、盗窃、破坏等极端行为企图，立即拨打“110”报警电话，并利用变电站内遥视系统留下影像资料。

（4）在处置过程中要加强防范，确保自身安全。